自然界的生存之战

动物·植物

肖双丹　盛宝军◎编著

山东教育出版社
·济南·

图书在版编目（CIP）数据
自然界的生存之战 / 肖双丹，盛宝军编著. -- 济南：山东教育出版社，2024.11.（2025.2 重印）--（中国中小学生通识教育课）. -- ISBN 978-7-5701-3341-3
Ⅰ. N49
中国国家版本馆 CIP 数据核字第 202404CF02号

ZIRANJIE DE SHENGCUN ZHI ZHAN
自然界的生存之战　　肖双丹　盛宝军／编著

主管单位：山东出版传媒股份有限公司
出版发行：山东教育出版社
地址：济南市市中区二环南路 2066 号 4 区 1 号　邮编：250003
电话：（0531）82092660　网址：www.sjs.com.cn
印　刷：济南新先锋彩印有限公司
版　次：2024 年 11 月 第 1 版
印　次：2025 年 2 月 第 2 次印刷
开　本：787 毫米 × 1092 毫米　1/16
印　张：6
字　数：123 千字
定　价：49.00 元

序 言

新课程改革给教育带来了极大的变化，其中最大的变化就是强调培养德智体美劳全面发展的人。过去，我们的学校教育偏重应试教育，导致素质教育不能得到真正落实。为了改变这一局面，新课标增加了通识教育的内容。

通识教育是教育的一种，它的目标是在现代多元化的社会中，为受教育者提供跨越不同群体的通用知识和价值观。随着人类对世界的认识日益深入，知识分类也变得越来越细。人们曾以为掌握了专业的知识，就能将这一专业的事情做好。后来才发现，光有专业知识并不一定能在相关领域有所创造。一个人的创造力必须是全面发展的结果。我国古代的思想家很早就认识到通识教育的重要性。古人认为，做学问应“博学之，审问之，慎思之，明辨之，笃行之”，并且认为如果博学多识，就有可能达到融会贯通、出神入化的境界。如今，开展通识教育已经成为全世界教育工作者的共识。通识教育让我们的学校真正成为育人的园地，培养德智体美劳全面发展的人。

家长们也许要问，什么样的知识才具有通识意义？这正是通识教育关注的焦点问题。当今世界风云变幻，知识也在不断更新，这就需要更多的专业人员站在人类文明持续发展的高度，从有益于开发心智的角度出发，在浩瀚的知识海洋中认真筛选，为学生们编写出合适的书籍。

目前，市面上适合中小学生阅读的通识教育类的书籍并不多见，而这套《中国中小学生通识教育课》则为学生们提供了一个很好的选择。该系列涵盖人文、社会、科学三大领域，内容广泛，涉及哲学、历史、文学、艺术、传统文化、文物考古、社会学、职业规划、生活常识、财商教育、地理知识、航空航天、动植物学、物理学、化学、科技以及生命科学等多个方面。编写者巧妙地将丰富的知识点提炼为充满吸引力的问题，又以通俗有趣的语言加以解答。我相信，这套丛书会受到中小学生们的喜爱，或许会成为他们书包中的常客，或是枕边的良伴。

贺绍俊

文学评论家

目录 CONTENTS

自然界的生存之战

在自然界这个神奇的舞台上，每一天都上演着惊心动魄的生存之战。从茂密的森林到广袤的草原，从高耸的山峰到深邃的海洋，生命以其顽强的姿态和无尽的智慧，在不断适应和抗争中一代代地延续着……

什么是食物链？

什么是食物链？

你听过“螳（táng）螂（láng）捕蝉，黄雀在后”这个故事吗？大树、蝉、螳螂、黄雀就构成了一条食物链：蝉吸食大树的汁液，螳螂捕食蝉，黄雀捕食螳螂。食物链是生物之间食物关系的体现，生命世界通过一系列吃与被吃的关系，把生物与生物之间紧密地联系起来。在大自然中，任何生物都可能成为其他生物的食物，即使是看似柔弱的植物，有时也能将动物“吃”掉。

为什么会形成食物链？

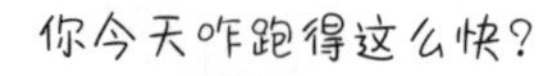

没有任何生物可以脱离食物链，人类不能，真菌、细菌、微生物等也不能。通过这种关系，地球上的生物相互制约、相互依存，从而使各个物种的个体数量都保持稳定，让地球的生态系统保持平衡。

什么是物种入侵？

物种入侵就是，某些物种借助于自然或人为力量，到一个新地区并对当地物种产生某种影响的现象。比如，1859 年，一个叫托马斯·奥斯汀的农民在澳大利亚收到从英国寄来的 24 只野兔，并将它们放养在自己的农场里，这一举动严重破坏了当地原有的食物链。由于缺少捕食者，野兔大量繁殖，给澳大利亚的生态环境造成了灭顶之灾。

食物链上都有谁？

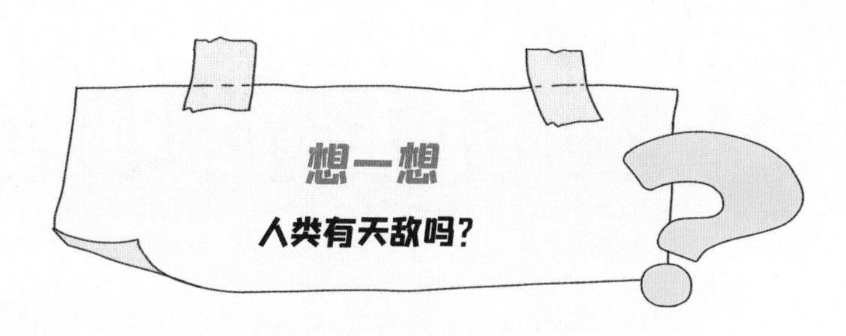

生产者

在生态系统中，能利用简单的无机物质合成为有机物质的生物，被称为生产者。生产者主要包括各种绿色植物，比如水稻、小麦、桑树、苹果树等。

消费者

在生态系统中，只能依靠生产者生产出来的有机物获得能量，维持自身活动的动物、某些腐生和寄生的菌类，被称为消费者。

初级消费者，又称“一级消费者”，主要以植物为食，比如牛、马、羊等。

次级消费者，又称“二级消费者”，主要以动物为食，比如狮子、老虎、棕熊等。

分解者

在生态系统中，分解者可以把动植物残体、排泄物中的有机物质，分解成简单的无机物，释放在环境中，供生产者再一次利用。

分解者主要包括细菌、真菌、放线菌等微生物，以及一些无脊椎动物。

动物都住在哪里？

森林

森林是地球三大生态系统之一。位于南美洲的亚马孙雨林，有“地球之肺”“地球的绿色心脏”“世界生物基因宝库”“动植物的王国”等美誉，其分布地区人迹罕至，年平均气温约24°C，年降雨量约1800~3000毫米。

沙漠

沙漠被称为“生命的禁区”，这里一年四季雨水稀少、阳光毒辣，地面完全为沙土覆盖，几乎见不到绿色的植被。不过，仍有一些动物在此安家，比如骆驼、耳廓狐、大耳沙蜥（xī）等。

极地

极地包括位于地球南北两极极圈以内的陆地与海域。极地地区到底有多冷呢？根据科学家观测，南极的最低气温可以达到－94.5°C，北极的最低气温大约在－70°C。

海洋

海洋是地球三大生态系统之一，约占地球表面积的 71%，其中心部分称作洋，边缘部分称作海，两者彼此沟通成为统一的水体。目前我们已知的海洋动物有 20 多万种。

湿地

湿地是地球三大生态系统之一，它几乎涵盖了陆地上所有相对固定的天然或人工的水体，还包括低潮时水深不超过 6 米的海域。水库、江河、湖泊、沼泽、滩涂等都是湿地。

草原

草原是地球上分布最广的植被类型，也是很多食草动物的“粮仓”。中国的草原上生活着 2000 多种野生动物，包括兔狲（sūn）、藏羚（líng）羊、黄羊、雪豹、野牦（máo）牛、藏野驴等。

你知道吗？

人类对自然资源的过度开发，导致许多野生动物失去了家园。为了寻找食物、水源和配偶，一些野生动物被迫“入侵”城市，给人类带来了许多意想不到的麻烦。

想一想

遭到人类破坏的动物栖息地还能恢复到原来的样子吗？

生物大灭绝有多可怕？

历史上的五次生物大灭绝

1. 奥陶纪大灭绝

发生时间：约 4.49 亿年前
可能原因：地球进入冰川期等
事件结果：约 85% 的物种灭亡

直到奥陶纪晚期，地球上仍然只有海里才有丰富多彩的生命。在这次大灭绝中，海洋生物的数量急剧下降，整个海洋生物圈都受到了严重破坏。

2. 泥盆纪大灭绝

发生时间：约 3.65 亿年前
可能原因：气候变化、火山喷发等
事件结果：约 85% 的物种灭亡

这次大灭绝持续了 50 万 ~250 万年，生活在浅海区域的生物受影响最大，尤其是珊瑚虫。另外，人类已知最早的两栖动物——鱼石螈（yuán）也在地球上消失了。

什么是生物大灭绝？

在大自然中，死亡一直与生命如影随形。当一个物种中最后一个个体死亡时，我们就说这个物种灭绝了；当大量生物在相对短暂的时间内几乎同时消失时，我们就说地球发生了生物大灭绝。

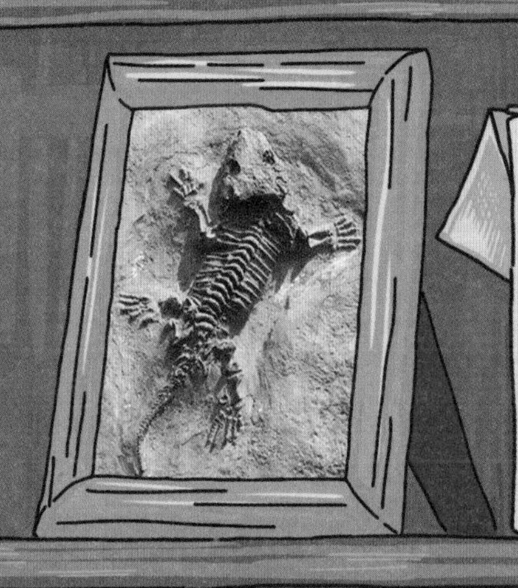

3. 二叠纪 - 三叠纪大灭绝

发生时间：约 2.52 亿年前

可能原因：火山活动、臭氧层遭破坏等

事件结果：约 70%~96% 的物种灭亡

二叠纪大灭绝被认为是已知的地质历史上最大规模的物种灭绝事件，约 90% 的海洋生物物种和约 70% 的陆地生物物种退出了历史舞台。

4. 三叠纪 - 侏罗纪大灭绝

发生时间：约 2 亿年前

可能原因：气候变化、火山喷发等

事件结果：约 76% 的物种灭亡

这次大灭绝给人类留下了许多谜团，比如两栖动物、爬行动物、软体动物都遭受重创。

霸王龙化石

霸王龙生存于晚侏罗世至晚白垩世的北美洲、欧洲和亚洲

5. 白垩纪 - 第三纪大灭绝

发生时间：约 6600 万年前

可能原因：小行星撞击地球等

事件结果：75%~80% 的物种灭绝

这次大灭绝终结了充满危险和未知的恐龙时代，为哺乳动物的登场提供了契机。只用了短短 1000 万年，哺乳动物就迅速填补了因恐龙灭绝而留下的生态空白。

角龙化石

角龙生存于白垩纪的北美洲和亚洲

动物真能预测地震吗？

海啸前动物会集体逃生吗？

2004 年 12 月 26 日，印尼苏门答腊岛附近海域发生强烈地震并引发海啸。然而，人们惊奇地发现，灾难过后在该地竟然没有发现任何野象的尸体。原来，在地震发生以前，岛上的数百头野象就已经逃到了安全地带。

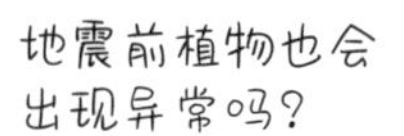

动物能感受到地震的到来吗？

在地震来临前，很多动物会出现反常行为，比如鸡鸭不肯进窝，牛羊不肯进圈，狗一边狂吠一边奔跑，鱼反复跳出水面，鸽子受惊似的盘旋个不停，成群的老鼠在大街上乱窜……这是因为一些动物对周围环境的变化非常敏感，哪怕只是极小的震动、淡淡的气味、微弱的次声波，它们也能感知到。

靠动物预测地震准确吗？

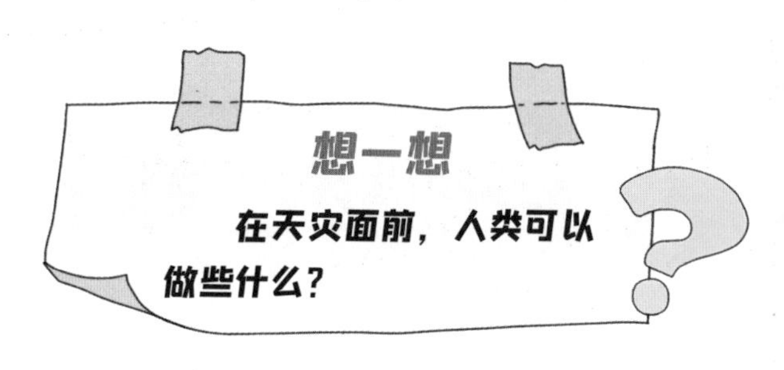

2018 年，在研究了与 160 场地震相关的 729 例动物异常行为报告后，美国地震学会得出一个结论：靠动物来预测地震并不准确。这是为什么呢？因为动物出现的反常行为，并不一定都是由地震引起的，饲养条件变化、天气变化、疾病、饥饿、压力等也可能让它们烦躁、兴奋。因此，我们不能单纯将动物反常行为和地震画等号。

让动物当“地震预报员”？

我们不能仅凭动物的反常行为预测地震，但很多国家都将观察动物的日常表现作为监测地震的手段之一。比如，在 2007 年 5 月 21 日，我国成立了全国首个野生动物地震宏观观测站，黑猩猩、鹦鹉、老虎等 55 种野生动物被选中成为“地震预报员”，工作人员会对它们在地震发生前的敏感反应进行 24 小时监测。

你知道吗？

依据云彩形状预测地震，也是不准确的。实际上，并不存在所谓的“地震云”。大众之所以产生这样的误解，是因为云彩的形状本就千奇百怪。地震是一种成因非常复杂且多变的自然灾害，人类目前还没有发现能准确监测地震的手段。

哪些动物的毒液很厉害？

蓝环章鱼

虽然蓝环章鱼个头不大，但它是世界上毒性最强的动物之一，它甚至能够咬破结实的潜水衣，将可怕的毒素注入潜水员的身体。这种毒素由它唾液腺中的细菌生成，对人体有麻痹（bì）作用，所以人被叮咬后很难及时察觉。

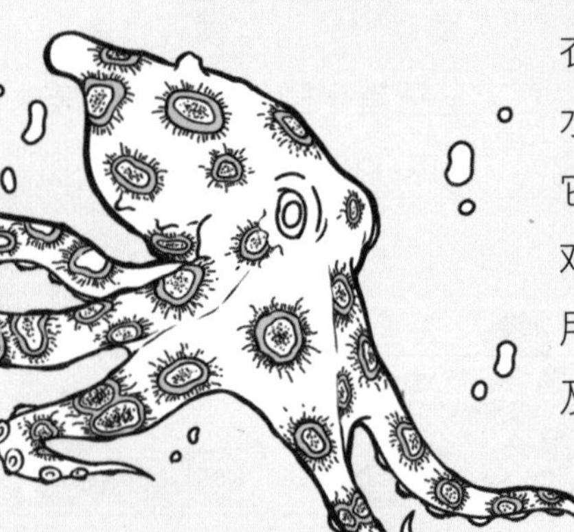

索诺拉珊瑚蛇

目前世界上有数千种蛇，其中有些携带剧毒，有些则无毒。毒蛇会利用自己尖锐的毒牙，将毒液注射进猎物的体内。很多人认为蛇是一种冷酷无情的生物——这是对的。

黑寡妇蜘蛛

雌性黑寡妇蜘蛛性格凶猛好斗，会主动攻击“入侵者”，它分泌的毒素会破坏人的神经系统，使人呼吸困难、意识模糊、出现器官衰竭和肌肉溶解等症状。不过，人类已经研究出抗毒血清，得到及时治疗的伤者大多都能痊愈。

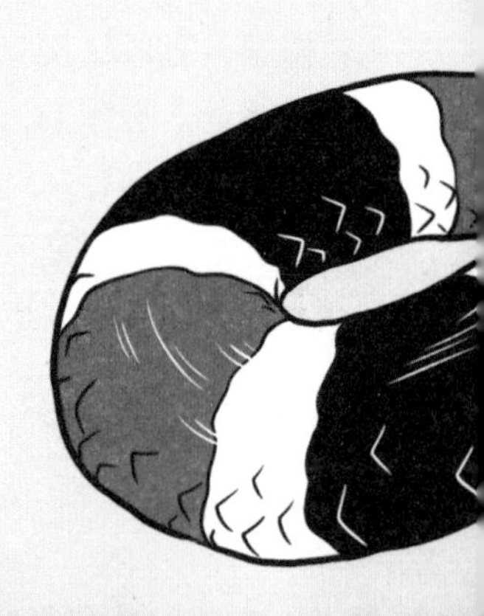

箭毒蛙

箭毒蛙是中美洲与南美洲的特有物种，它并不屑于隐藏自己的行踪，鲜艳多彩的外表时刻警告着敌人不要轻易靠近。不过，它身上的毒素是通过捕食一些有毒的昆虫，吸收其毒素并转化而来的。

你知道吗？

河鲀毒素是自然界中人类已发现的、毒性最强的神经毒素之一，大约 0.5mg 的剂量就能置人于死地。不过，由于这种毒素具有使神经、肌肉麻痹的作用，科学家正努力将它们研制成药物，用以缓解病人的疼痛。

在缺少食物的时候，索诺拉珊瑚蛇甚至会攻击、毒杀和吞食自己的同类。

河豚

河豚是一种肉质非常鲜美的鱼。但别看它看起来光溜溜、傻乎乎的，它可是个名副其实的“用毒高手”，十分擅长杀人于无形。河豚的卵巢、血液和肝脏都含有河鲀（tún）毒素，这种毒素极耐高温，很难被破坏。中毒严重者一般在食用后 4~6 小时内就会死亡。

想一想

通过伤害别人来保护自己，行得通吗？

为什么有些动物会吃同类？

想一想

动物也会像人类一样发动战争吗？

成年北极熊会吃掉幼崽吗？

作为出色的捕食者，北极熊不仅是其他极地动物的“噩梦”，成年的雄性北极熊更是北极熊幼崽的头号杀手。为了争夺领地，雄性北极熊之间经常会发生血腥的争斗，胜利的一方会毫不留情地杀死对手及其幼崽，有些甚至还会吃掉幼崽的尸体。这样的行为在一些大型肉食动物中也有，比如狮子和老虎。有学者认为，雄性北极熊吞食同类幼崽，是为了杀死潜在的竞争者，保证自己及后代可以获得更多的食物。

螃蟹也懂乘虚而入？

每年的六月份前后，成千上万的牛角蟹会聚集在澳大利亚的维多利亚州南部一起蜕壳。由于刚换壳的牛角蟹身体十分柔软，所以它们无法立即动身去捕食。这个时候，一些饥饿的牛角蟹就会把主意打到自己的同类身上，向虚弱的牛角蟹下黑手。

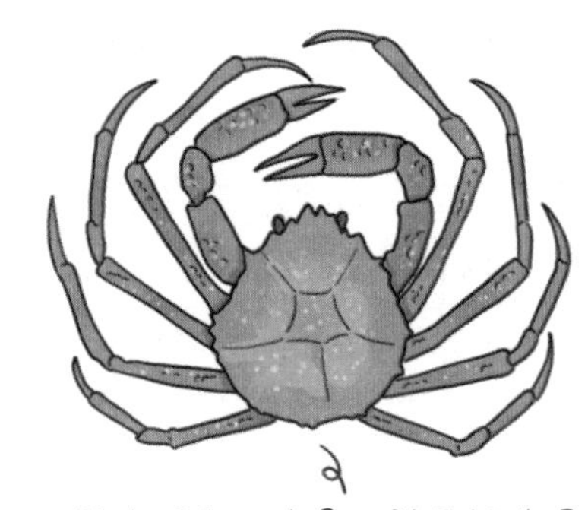

弱肉强食，也是一种自然选择。

出生前就要开始竞争？

在繁殖季节，雌性锥齿鲨会在自己的两侧子宫内产下十几枚卵，只有最先孵化的幼鲨才能存活。这是因为幼鲨在母亲体内长到 10 厘米左右时，便会开始展现自己的狩猎才能，吞食自己的兄弟姐妹。每侧子宫最后只剩下一名幸存者。

我的“胎教”，你学不来。

为了后代而自我牺牲？

当然，大自然中也有一些动物是心甘情愿被同类吃掉的，比如穹（qióng）蛛。穹蛛是一种生活在非洲大陆的动物，它们不仅喜欢聚在一起生活，甚至还会共同养育后代——这种行为被称为“义亲抚育”。为了延续种族，蜘蛛妈妈及没有繁殖后代的雌性蜘蛛，会自愿成为小蜘蛛的食物。

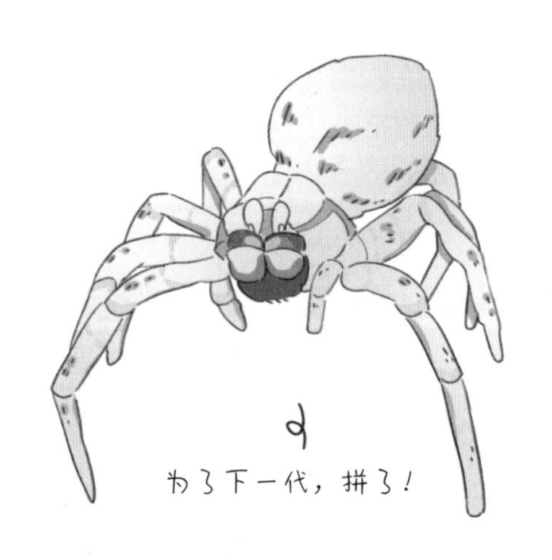

为了下一代，拼了！

灭绝的动物还会重生吗？

生物是怎么分类的？

科学家根据生物之间相同、相异的程度与亲缘关系的远近，使用不同等级特征，将地球上的各种生物划归为七个主要级别：种、属、科、目、纲、门、界。其中，界是生物分类的最高阶元，比如动物界和植物界；而物种简称“种”，是生物分类的基本单元，不同物种的个体之间一般无法生育后代。那么，你知道人类被划分到哪里去了吗？

动物界 → 脊索动物门 → 哺乳纲 → 灵长目 → 人科 → 人属 → 智人

为什么有些物种灭绝后又出现了？

当一个物种的个体全部消亡，没留下任何后代的时候，我们才能说它灭绝了。然而，很多野生动物都生活在人迹罕至的地方，即使有先进的科学设备，我们也很难准确、及时地获悉它们的生存情况。因此，会出现当科学家宣布一个种动物灭绝后，隔了几年甚至几十年这个物种会再次出现。不过，这种幸运的事情少之又少，灭绝的动物大都无处可寻，活在人类的记忆中。

“功能性灭绝”与“区域性灭绝”

功能性灭绝指的是，该物种因其生存环境被破坏，个体之间在自然条件下失去了繁衍后代的能力，彻底灭绝只是时间早晚的问题，代表动物有斑鳖（biē）、儒艮（gèn）、白鱀（jì）豚等；区域性灭绝指的是，在一定范围内该物种已经灭绝，但别的地方还有，比如赛加领羚羊和普氏野马等都曾在我国境内绝迹。

听说你是“外国马”？

你咋知道的，
我的叫声带口音吗？

现代人类

怎样挽救濒危动物？

由于栖息地被破坏、人类捕杀、外来物种入侵等原因，地球上的许多动物都不可避免地走向了灭绝。近些年来，为了挽救濒危动物，圈养动物的野化与放归成了重建野生种群的重要手段。研究人员会在人工繁育的珍稀动物中，选择合适的、强壮的个体，对它们进行野外生存训练，包括寻找水源、食物和配偶，以及躲避危险、防御天敌等。等到“考试”合格后，它们就会被放归山林，以补充野外种群数量。

想一想

人类应该怎样与大自然相处？

为什么有些动物会迁徙？

我们会像哥伦布一样发现新大陆吗？

什么鸟属于候鸟？

为了抚育后代或越冬，候鸟需要随季节变化作定时迁徙，它们会在一年中几次改变自己生活的地方，不远万里地寻找宜居地。在鸟类迁徙的高峰期，很多候鸟群甚至有几十万个成员。在生活中，我们常见的候鸟有很多种，比如燕子、大雁、天鹅、丹顶鹤、黄鹂、杜鹃等。与之相对的则是留鸟，它们依恋故土，终年栖居生殖地域，但其中也有一些会为了寻找食物，而稍微走出自己的“舒适圈”。

鱼类也会迁徙吗？

有些鱼类对环境的适应性较强，它们会终生定居在同一片水域，比如卷口鱼。有些鱼类则会为了产卵、索饵、越冬，在不同的水域之间定时定向地迁徙，也就是洄（huí）游，比如大马哈鱼、金枪鱼、鲑（guī）鱼、鲱（fēi）鱼、鳀（tí）鱼等。其中，大马哈鱼可能是最著名的洄游型鱼类之一，每年的 8 月到 10 月之间，它们会聚集成浩荡的鱼群，从海洋中游回江河产卵，然后死亡。

蝗虫为什么喜欢聚在一起？

蝗虫十分弱小且有着数不清的天敌，它们为了活下去，只能选择群居生活，这样既可以降低个体被掠食者攻击的风险，又能帮助雌性找到合适的伴侣，生下更多的后代。虽然蝗虫可以进行长距离的飞行，但科学家发现，只有当一个蝗虫群聚集得比较密时，它们才会迁飞，以寻找充足的食物和合适的产卵地，并会在所到之处造成可怕的蝗灾。

想一想

所有的旅程都需要有目的地吗？

东非大草原上的“春运”

一些野生的哺乳动物也会定期迁徙。在东非大草原上，每当旱季来临，浩浩荡荡的动物大军就会踏上追逐水源和青草的旅程，比如大象、斑马、角马、羚羊等。有时候，一支角马队伍的成员数量甚至可以超过100万只。

你知道吗？

在古代，年轻男女在定下婚约后，男子需要带着礼物去女子家下聘，而其中必备的礼物曾是一对大雁。古人认为，大雁恪守信用，每年都会冬去春归，这寓意男子重视媒妁之言，女子出嫁正当其时；大雁又是“忠贞之鸟”，一旦结成伴侣就会不离不弃，这象征新人能够患难与共。

谁是大自然中的“伪装大师”？

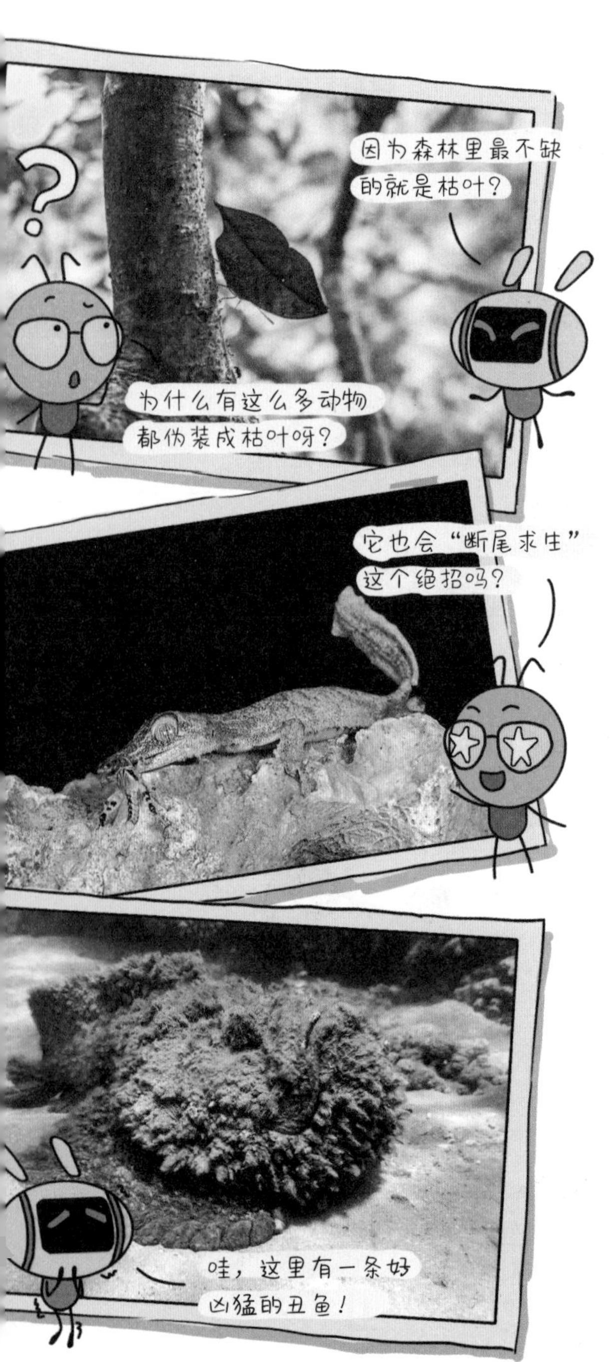

“衰败”而美丽的枯叶蛱蝶

枯叶蛱（jiá）蝶，俗称“枯叶蝶”，它长有一对奇异而美丽的翅膀，表面呈蓝丝绒状，带有艳丽的橙色斜纹；背面则是棕色的，不仅分布着叶脉状的条纹，还点缀着大大小小的“霉斑”。枯叶蛱蝶是昆虫界中最善于伪装的昆虫之一。当它落在树木上，将翅膀合拢后，就会变成一片不起眼儿的枯叶。

狡猾的叶尾壁虎

叶尾壁虎是一种浑身长满鳞片的小型爬行动物，因为它又大又扁的尾巴酷似枯叶，所以得了这么一个形象生动的名字。细细观察它的尾巴，你会发现其边缘带有锯齿状的凹陷，就像是树叶被昆虫吃掉的缺口。当它闭着眼睛，紧紧地贴在树干或树枝上时，恐怕没有哪只猎物能够发现这个狡猾的捕食者。

有“定力”的玫瑰毒鲉

玫瑰毒鲉（yóu），俗称石鱼、石头鱼，它是海洋王国中出了名的伪装高手。因为它浑身长满棘刺，又总是懒洋洋地趴在海底，一动也不动，乍一看会被认为是一块石头或珊瑚呢。玫瑰毒鲉是一个充满耐心的、极其挑剔的猎人，当最肥美的鱼儿路过自己的面前，它才会张开大嘴，将整个猎物吞进肚子里。它的背刺带有剧毒，人一旦被误伤，就可能会丧命。

色彩的“魔术师”：变色龙

变色龙之所以能扬名天下，靠的就是它善于变换皮肤颜色的本领。它能通过改变自己的皮肤颜色，使自己与环境融为一体，让掠食者无法发现它的踪迹。不过，变色龙就算再厉害，也不能想变成什么颜色就变成什么颜色。在这个大家族中，七彩变色龙是色彩变化最为丰富的成员，它们主要生活在气候炎热的马达加斯加岛，在它们的身上你可以找到红色、黄色、蓝色、绿色、橙色……

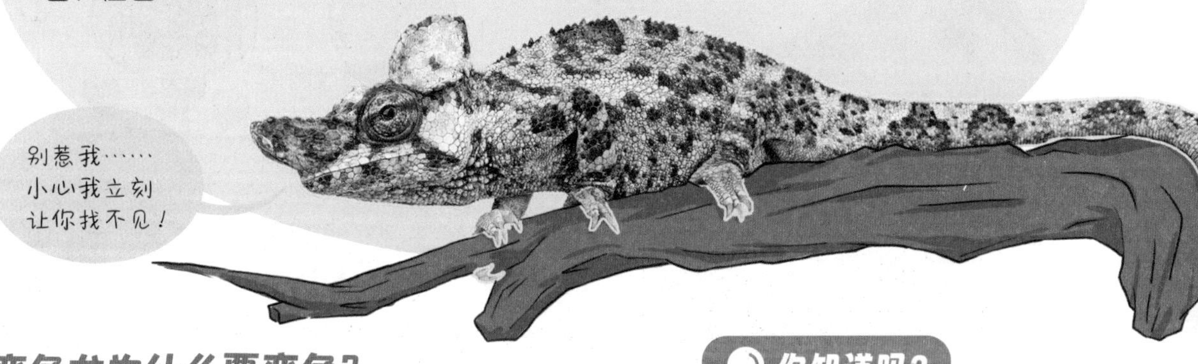

变色龙为什么要变色？

变色龙并不能随心所欲地改变皮肤颜色。实际上，很多时候，变色龙变色并不是为了伪装自己，而是通过这种方式来调节体温或者与同伴交流。变色龙是变温动物（俗称“冷血动物”），它无法通过自身的新陈代谢来维持恒定的体温，因此在阳光并不充足的早晨，它的皮肤颜色会变深，这有利于它更好地吸收太阳的热量。而当它“坠入爱河”的时候，为了向自己心仪的雌性变色龙表达爱意，雄性变色龙的外表会变得更加鲜艳醒目。

想一想

别人眼中的自己和真实的自己，你更在乎哪一个？

你知道吗？

兰花螳螂被称为“昆虫皇后”“食肉兰花”“美人杀手”。作为自然界中将“伪装术”施展到极致的物种之一，兰花螳螂具有高超的诱捕本领，一旦有昆虫不小心看走了眼，将它当成美丽的花朵飞近时，它就会挥舞自己那对锋利的“镰刀”，毫不留情地将粗心的猎物吃掉。

霸王龙为何成为恐龙中的“超级明星”？

你真的了解霸王龙吗？

20 世纪初期，古生物学家巴纳姆·布朗在美国的蒙大拿州发现了第一具霸王龙化石。此后，无数人痴迷于这类神秘而强大的史前动物，并将它称为“恐龙之王”。研究显示，霸王龙生活在距今 6600 万年到 7000 万年前，它体长约 12~15 米，重约 6~8 吨，一张大嘴生有 60 颗利齿，鼻子可以嗅到数百米开外的血腥味。总之，无论从哪个方面，它都是一个超乎人们想象的庞然大物。

恐龙蛋

严格来说，恐龙蛋指的是由恐龙的蛋所形成的化石。我们虽然已经发现了很多种恐龙化石，但对恐龙蛋的研究却进展得很慢，甚至很难判断已发现的恐龙蛋究竟是哪种恐龙生下的。比如，霸王龙也生蛋，但它的蛋是什么形状的、表面有没有花纹，目前还没有科学家能给出确切的答案。

霸王龙真是残暴的猎食者吗？

很多人将霸王龙视作凶恶残酷的“杀手”，认为几乎没有猎物能够从它的手中逃脱。为了吃得更饱，它甚至不愿意和同类生活在一起，还会对胆敢侵犯自己领地的敌人赶尽杀绝！然而，著名的古生物学家杰克·霍纳却认为，这些只是人们对“恐龙之王”的猜想，因为霸王龙可能只是一种体型比较大的食腐动物，也就是说它几乎不会主动捕猎，而是像秃鹫（jiù）、鬣狗一样到处寻找动物的尸体吃。当然，也有不少学者对这种观点持反对意见。

你知道吗？

与恐龙生活在同一时代的，还有一种名叫恐鳄的爬行动物。恐鳄与现代的短吻鳄有亲缘关系，却不是它们的祖先。虽然目前我们还没有发现完整的恐鳄化石，但是有些科学家推测，这种动物以小型恐龙为食，身长可以达到 12 米！

想一想

智慧可以弥补力量上的差距吗？

蛾子和蝴蝶是同一种昆虫吗？

彗尾蛾

蛾子和蝴蝶是亲戚吗？

蛾子与蝴蝶都属于昆虫纲鳞翅目，二者不仅长得有些相似，也具有一定的亲缘关系。但它们是两种完全不同的昆虫，之间存在生殖隔离，无法生育后代。虽然很多人认为，蛾子的外表没有蝴蝶的好看，但我们在花丛中看到的“蝴蝶”其实很可能是美丽的蛾子。毕竟，人类目前发现的蛾子超过 16 万种，而蝴蝶只有约 1.1 万种。

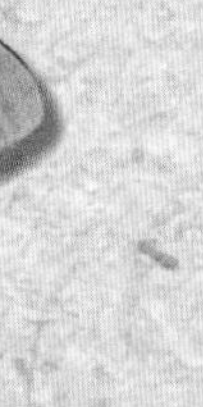

蛾子与蝴蝶有什么不同？

蝴蝶的体型比较纤细，而蛾子大多是胖乎乎、毛茸茸的；蝴蝶的触角又长又细，像两根竖起来的天线，而蛾子的触角比较短，形状也更多样，比如羽毛状、丝状、栉（zhì）齿状等；休息时，蝴蝶会把翅膀合拢起来，立在背上，蛾子则会将翅膀平铺开；蝴蝶只在白天飞舞，蛾子虽然也在白天出现，但晚上才是它们的“主场”。

当生命进入倒计时……

蚕蛾是最为常见的一种蛾子，它的幼虫叫作桑蚕，也就是喜欢吃桑叶、能吐丝作茧的“蚕宝宝”。破茧而出后，桑蚕就变成蚕蛾，此时它的口器会退化，这让它再也无法摄入任何食物，只能依靠身体里储存的营养物质来维持生命。在生命结束之前，它们会寻找伴侣，并产下成千上万颗卵。通常情况下，一旦羽化，蚕蛾的寿命只剩下大约3天。

奇妙的雌雄嵌合体

在大自然里，有些物种的雄性和雌性长得几乎一模一样，有些则各有各的特点。比如蓝鸟翼蝴蝶，雌性的翅膀和体形都比雄性的大；比如蚕蛾，雌性的腹部比雄性的肥大，翅膀却小得多。但是，有时也会出现奇妙的雌雄嵌合体，它的身体由中间一分为二，一部分表现为雌性，另一部分表现为雄性。尤其是蝴蝶和蛾子，这种情况多有发生。

想一想

看起来一模一样的东西，真的毫无区别吗？

你知道吗？

在古代，不论男子还是女子，无论贵族还是平民，都喜欢佩戴有飞蛾元素的饰品。值得一提的是，我国曾出土过一顶来自隋朝时期的“闹蛾扑花冠”，它的主人是北周太后杨丽华的外孙女李静训。

毛虫是怎样变成蝴蝶的？

蝴蝶的身体构造

棒槌一样的触角

触角是蝴蝶的感觉器官，蝴蝶可以通过它来探测周围的环境。

功能强大的复眼

蝴蝶的眼睛由数千个单元组成，而每一个单元的功能都与一只独立的眼睛相同，只是能看到的区域比较小。

蝴蝶的翅膀上覆盖着数不清的、极细小的鳞片，它们就像屋顶上的瓦片一样有序地排列着。

蝴蝶属于昆虫，它的身体分为三部分：头部、胸部和腹部。

蝴蝶的胸部分为三个体节，每个体节都有一对足。

蝴蝶的腹部由数个环节组成，能够自由伸缩，里面是蝴蝶的消化系统和生殖系统。

你知道吗？

科学家发现，蝴蝶可以通过身体表面上的鳞片调节体温。受蝴蝶的启发，他们发明了一种神奇的装置——热控百叶窗。通过改变叶片的角度，它可以帮助微小型航天器更好地适应太空的温度变化。

是“作茧自缚”还是“破茧成蝶”，取决于什么？

1 毛虫

毛虫会用屁股上的附肢或尾刺，把自己倒挂在植物上。

2 蛹

吃饱喝足后，毛虫会把自己包裹在一层金色或绿色的覆盖物中。

3 成虫

成年的黑脉金斑蝶从茧中爬出，开始舒展自己的翅膀。成年后，它将立刻开始繁衍下一代。

4 卵

每只雌性黑脉金斑蛾一生中能产 300 到 400 枚卵。每枚卵只需花上 4 到 8 天的时间就能孵化。

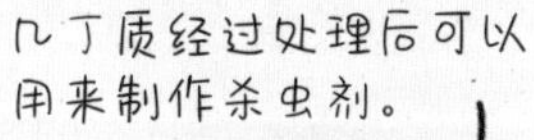

什么是外骨骼？

蝴蝶没有脊椎，但它的身体表面长有一层柔韧的外壳——外骨骼。外骨骼是昆虫身体的外层保护结构，主要由一种名为几丁质的物质组成，它将昆虫的内部器官包裹其中，可以起到保护器官、防止身体水分流失等重要作用。

为什么奶牛爱放屁？

所有动物都会放屁吗？

放屁，并不是人类和奶牛的绝技。在大自然中，很多动物都会放屁，大到大象、海狮、犀牛、斑马，小到蠹蜥、白蚁、鳞蛉幼虫，有些动物甚至需要用自己的屁捕猎或与天敌战斗。不过，它们有着各式各样的放屁方式，排出的气体也有所不同。那么，有没有不会放屁的动物呢？有，比如所有鸟类、绝大多数的鱼类以及树懒等。

为什么奶牛经常放屁？

奶牛属于食草动物，为了消化富含纤维素的草料，它的消化道又长又复杂，里面还充满各种各样的微生物。奶牛把食物吃进肚子后，食物在运动过程中会逐渐被发酵、分解、吸收，并产生大量的废气，而这些气体需要通过放屁和打嗝才能排出。不过，奶牛的屁中大多是些无色无味的气体。作为让屁变臭的“罪魁祸首”，氨气只占屁成分的一小部分——但这并不妨碍它发挥出自己的实力，把“有幸”闻过奶牛的屁的人臭得终生难忘。

你知道吗？

2006 年，一支来自日本的研究团队甚至发明了一项技术——从牛粪里提取香兰素。香兰素是一种需求量巨大的高档香料，它既能被用来制造香水，也是重要的食品赋香剂之一，可以使食物的香气变得更加浓郁。研究显示，每 1 克牛粪大约能提取 50 微克的香兰素。

因放屁引发的大爆炸

2014 年 1 月 29 日，德国的一个农场由于冬季通风不良，发生了一场大爆炸，但令人诧异的是，爆炸的原因竟然是奶牛打了太多的嗝（gé），放了太多的屁。奶牛从身体排放出的气体中有大约 25% 都是甲烷（wán），当它与空气混合，并达到一定浓度，遇上火花就会发生爆炸。不过，甲烷可以转化成绿色燃料氢气，有科学研究显示，一头奶牛一天排放 250~300 升的甲烷，从中分离出来的氢气能让汽车行驶 24 个小时。

一山真的不容二虎吗？

老虎都是“独行侠”？

老虎是一种喜欢独居的猛兽，它拥有强烈的领地意识，只有在繁殖期才会与其他老虎接触。平时，即使一雄一雌，有时候也会为了争夺领地而大打出手。一般情况下，老虎妈妈更喜欢自己独自照顾幼崽，老虎爸爸几乎见不到自己的孩子，更不会对它们手下留情。这是因为老虎在森林中几乎没有天敌，所以只有它的领地足够大时，才能保证它自己有足够的猎物，而这些猎物也有足够的食物。

令人意外的“铁汉柔情”

动物与人类一样都有丰富的情感，看似冷酷无情的老虎也有柔情似水的一面。在印度的伦滕波尔国家公园，有一只凶猛的雄虎叫萨林，它体型庞大、身手矫健、性情残暴，在这里称王称霸了许久。然而，它并不像其他雄虎一样，对“育儿工作”敬而远之，反而在配偶死去后，独自养大了三个女儿和两个儿子，为它们捕食猎物，保护它们不受伤害，让它们在危机四伏的森林中安全长大。

“人多力量大”

当然，也有一些顶级猎食者会选择集体喂养幼崽，比如狮子。狮子是仅次于老虎的大型猫科动物，雌狮会选择相互合作，共同追捕猎物、抚育幼崽。一般情况下，一个狮群由5~10只雌狮、2~4只雄狮以及一些幼崽组成。为了更好地照顾幼崽，雌狮会选择在同一段时间内怀孕生子，一个狮群里的同一代小狮子几乎都是差不多大的。不过，雌狮都是离群独自生产的，当小狮子满月时，狮子妈妈才会让其他雌狮接触自己的孩子。

你知道吗？

中国民间有句俗语叫“虎毒不食子”，意思是老虎再凶恶，也不会吃掉自己的孩子。在大自然中，的确有很多动物会杀死并吃掉自己的幼崽，比如仓鼠妈妈如果受到食物短缺的压力，就会减少幼崽的数量。然而，老虎妈妈虽然凶猛，却充满母性，即使只有很少的食物，它们宁可饿肚子，也会先让自己的孩子吃饱。

你害怕深海里的“怪兽”吗？

充满谜团的海底世界

海洋作为地球上最大的生态系统，有很多生物世代生活在这里。为了应对不同深度的水域的危险，它们演化出了非凡的生存本领：有的可以发光，有的长满尖牙利齿，有的能在浅海和深海之间来去自由。不过，对于这些奇特的海洋生物，人类至今也没能将它们全部登记在册，因为在海洋中仍有超过 80% 的区域人类未曾踏足。海洋深处还藏着一道巨大的月牙形“伤疤”——马里亚纳海沟，它的深度约为 11 千米，就算把珠穆朗玛峰填进去，都填不满这道可怕的沟壑。

透光带

从海面到水深 200 米处是透光带。

这是海洋的最上层，可以享受到温暖的阳光。目前人类已知的海洋生物大多都活跃在这一层。

微光带

从水深 200 米到 1000 米处是微光带。

因为只有少量的阳光可以到达这里，海水温度在这一层出现了剧烈变化，变得寒冷刺骨。

午夜带

从水深 1000 米到 4000 米处是午夜带。

在这一层，阳光已经起不到照明作用，唯一的光源就是那些会发光的海洋生物。

深渊带

从水深 4000 米到 6000 米处是深渊带。

这一层的温度已经接近零度，只有极少数的生物能忍受如此黑暗寒冷的环境。

超深渊带

水深 6000 米以下是超深渊带。

这里终年寒冷、无光、缺乏氧气和食物，是海洋中环境最极端的区域。

鼬鲨

鼬鲨是少数会主动攻击人类的鲨鱼之一。它生性凶猛残忍，喜欢生活在阴暗水域，其环境适应能力极强，具有垂直洄游习性，白天喜欢在深水域活动，夜间则游到水表层或浅水域捕食。

大王乌贼

大王乌贼的体长可达 20 米，体重可达 1000 千克，它一般生活在太平洋、大西洋的深海水域，白天在深海中休息，晚上游到浅海觅食。据说，雄性大王乌贼的性情极为凶猛，有时还会将自己的伴侣吃掉。

黑叉齿龙䲢

黑叉齿龙䲢（téng）是一种贪婪的捕食者，它凭借一张大嘴和充满弹性的肚子，可以吞下比自身大得多的其他鱼类。有时候，它甚至会因为吃得太多，而被吞进去的猎物撑破肚子。

梦海鼠

梦海鼠看起来就像是个漂浮在深渊中的粉色塑料袋。它以海床上的沉淀物“海洋雪”为食，可以利用自己的“斗篷”自由游动。

深海狮子鱼

目前，深海狮子鱼被认为是地球上栖息最深的脊椎动物。由于深海环境的巨大水压作用，它的骨骼和皮肤变得非常薄，肌肉组织变得特别柔韧，看起来就像是条肉粉色的虫子。

所有的蜜蜂都会酿蜜吗？

蜜蜂为什么要酿蜜？

蜜蜂以花粉和花蜜为食。花粉富含蛋白质，花蜜富含糖类，它们可以为蜜蜂提供满满的能量。可是，花并不是一年到头都有的，有些地方到了寒冷的冬天就很难再找到盛开的花。因此，蜜蜂必须多采集一些花蜜，才能保证自己不会饿肚子。但是，花蜜中含有大量的水分，一来体积太大不好保存，二来也容易变质，所以蜜蜂需要花点心思将它浓缩，酿成可以长久保存的蜂蜜。

你知道吗？

当负责采蜜的蜜蜂回到蜂巢后，它们会将自己的“工作成果”吐到空的蜜房中。之后，负责酿蜜的蜜蜂就出场了，它们会将采集来的植物的花蜜和分泌物吞进去、吐出来，不断重复这个过程，直到这些混合物被转化成黏稠的蜂蜜，才会用蜂蜡封住蜜房。

蜜蜂的身体里有一个“蜜胃”，这里专门用来保存花蜜。

蜜蜂的身上长满了细细的绒毛，采蜜时花粉会附着在这些绒毛上。

蜜蜂通过触碰触角，确认彼此的身份。

一些蜜蜂的后腿上有“花粉篮”，它们可以将花粉和花蜜团成球后放在里面。

我们都不是蜜蜂！

蜂，是个非常庞大的家族，目前人类已知的蜂类就有大约 10 万种。然而，其中真正会采蜜、酿蜜的，只有“蜜蜂科”里的一些成员。事实上，我们在生活中常见的很多蜂类都是危险的肉食昆虫。

1. 普通黄胡蜂

它体型虽小，却十分好斗，会捕食各种各样的昆虫。这种蜂类的嗅觉十分灵敏，可以通过气味辨认入侵的敌人，并消灭它们。

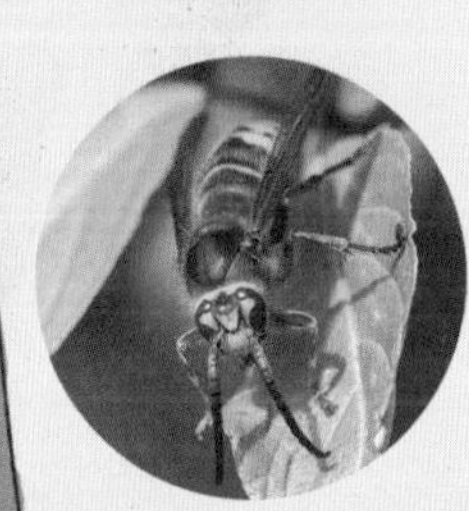

2. 黄边胡蜂

它是欧洲体型最大的胡蜂，通体呈鲜艳的橘色，十分美丽。虽然它不会主动攻击人类，但一旦被它蜇伤，伤口会特别疼。

3. 黄柄壁泥蜂

泥蜂因会用泥土做蜂巢而得名，黄柄壁泥蜂是我国最为常见的泥蜂之一。它通常独来独往，不太喜欢热闹的群居生活。

4. 带铃腹胡蜂

它也被叫作“纸黄蜂”，这是因为它们有着独特的建巢技巧，能将植物纤维和唾液混合成木浆，做出结构各异的纸巢。

5. 金环胡蜂

它是蜜蜂的天敌，因其生性凶猛，也被叫作“虎头蜂”“亚洲杀人蜂”。据说，30 多只金环胡蜂可以在 2 小时以内杀死约 30000 只蜜蜂。

也有一些蜜蜂不酿蜜？

不是所有的蜜蜂都会酿蜜。只有工蜂会采集花蜜并将其运回巢穴，再由特定的工蜂进行转化，形成蜂蜜。而蜜蜂中的其他种类，比如雄蜂和蜂后，不参与酿蜜的过程。雄蜂主要负责与蜂后生下后代，而蜂后则主要负责产卵和管理整个蜜蜂家族。因为一个蜜蜂蜂巢只能有一位蜂后，所以当蜂巢出现了两位蜂后时，它们就会为了争夺蜂群的统治权而“决斗”。

想一想

付出就一定能得到回报吗？

你了解鸟类的羽毛吗？

羽毛是鸟类特有的“秘密武器”，它们一层层地被覆在鸟类的皮肤上，起到保护身体、维持体温和飞翔等重要作用。可以说，鸟类没了羽毛就无法生存。成鸟的羽毛一般分为三类：正羽、绒羽和纤羽。其中，可以用来做羽绒服的是绒羽，它主要生长在鸟类的胸部和腹部，质地柔软、蓬松且轻盈，保暖效果非常棒，既可以装进枕头、垫子、被子当填充料，也可以用于纺织。

鸭、鹅和鸡是一家的吗？

虽然鸟类都长得大同小异，但它们内部有好几个家族，比如鸭和鹅属于水禽，而鸡属于走禽。顾名思义，水禽喜欢水源，离不开水源，其中不少都是潜水高手，甚至可以在水面上睡觉；而走禽不擅长飞行和游泳，大多是优秀的奔跑者，平时只在陆地上活动。所以，农民会“放鸭”“放鹅”，时不时就带着它们去池塘河边玩，但不会赶鸡下水，也不会用水给鸡洗澡。

糟糕，得快点跑，他是想拔我的毛啊！

想一想

假的能变成真的吗？

鸡绒为什么不适合做羽绒服？

羽绒主要起到保暖、防水的作用，而鸡不需要游泳和潜水，因此经过长期演化后，鸡身上只长了少量的羽绒。另一方面，相比鸭绒、鹅绒，鸡绒比较硬挺，不够蓬松，缺乏弹性，同时还带有很大的异味，因此不适合做成衣服。但是，因为鹅绒和鸭绒比较贵，有些不法商家会将鸡毛打碎，用来滥竽充数，所以购买羽绒服时，最好要闻一闻有没有刺鼻的气味。

你知道吗？

和爬行动物会蜕皮一样，成鸟也会定期更换掉自己身上的羽毛，用新羽取代残破的旧羽。体型较小的鸟类可以在几天之内就快速换掉全部羽毛，但大型鸟类需要几周甚至更长的时间，要一部分一部分地完成换羽。当然，家禽也属于鸟类，它们也会换羽，比如鸭和鹅，一年通常换羽两次。

天啊，丹顶鹤竟然是个光头？

没有！

你有飞行执照吗？

什么是涉禽？

涉禽是鸟类的一个类群，它们具有三个明显特征：嘴长、颈长和脚长。这种鸟类喜欢生活在包括湿地、沼泽、河流、湖泊等水域的附近，不过它们并不擅长游泳，只会像淑女绅士那样，在滩边、沼泽及浅水中缓缓涉行，低头捕食小鱼、小虾、贝类和水生昆虫。除了丹顶鹤，常见的涉禽还有鹭（lù）鸶（sī）、白鹳（guàn）、翠鸟、朱鹮（huán）等。

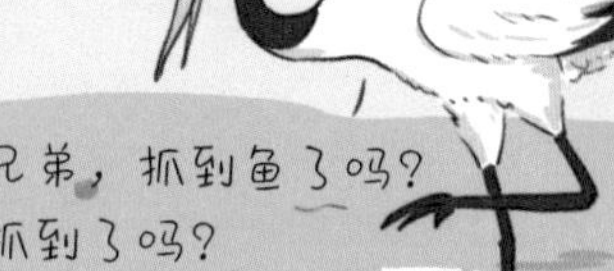

“鹤顶红”和丹顶鹤有关系吗？

在我国，丹顶鹤从古至今都被视为一种吉祥的鸟儿。它的白色羽毛如飞雪般纯洁，脸颊、喉部及颈侧的黑色羽毛又如墨汁般漆黑，其叫声嘹亮悠长，姿态优美灵动，得到了文人墨客的极大喜爱。不过，现在一提到丹顶鹤，很多人都会想起一种毒药——鹤顶红，因为在现代的很多影视剧中，“鹤顶红”都被描述成世间最厉害的毒药。不过，“鹤顶红”可不是用丹顶鹤头顶上的红冠制成的，它主要成分应该是三氧化二砷（shēn），也就是我们俗称的砒（pī）霜，这种矿物因其色泽鲜红像鹤头上的红冠，而被人们称作“鹤顶红”。

丹顶鹤的头顶为什么是红色的？

丹顶鹤的头顶并没有毛发，而是皮肤裸露，上面长着密密麻麻的红色小肉瘤。这些肉瘤包裹了丰富的浅层毛细血管，并会随着年龄的增长而变得更加鲜红。你知道吗？其实，红冠是丹顶鹤"长大"的标志，只有成年的丹顶鹤才会有红冠。此外，丹顶鹤的头顶颜色会根据季节、情绪和身体状况发生变化，例如在春季，红色区域较大且颜色鲜艳；在冬季，红色区域则较小且颜色淡一些。

你知道吗？

相传，彭祖活了八百多岁，他曾驯养丹顶鹤作为坐骑，让丹顶鹤每天都驮着他游走四方。因此，丹顶鹤也被誉为"长寿之鸟"，人们常以"鹤寿""鹤龄"等词来向他人祝寿。在古代，丹顶鹤还是忠诚、纯洁和高尚品德的象征，在我国传统文化中占有很高的地位。在明清时期，丹顶鹤被用作一品文官的补服图案，仅次于皇家专用的龙凤。

为什么很多作家喜欢养猫？

猫科动物有什么特点？

我们现在见到的所有猫科动物，不管是狮子、老虎、猎豹，还是荒漠猫、兔狲（sūn）、狞（níng）猫，它们都有着共同的祖先，那就是生活在 2500 万年前的始猫。与杂食性的犬科动物不同，猫科动物都是纯粹的肉食动物。为了捕捉猎物，它们都长着锐齿和利爪，轻易就能咬破或抓破人类的皮肤。当然，它们的“秘密武器”可不只这些！比如，它们的瞳孔能随着光线的强弱发生变化，这让它们即使身处黑暗中也能看清事物。

为什么猫走路没有声音？

不论古今中外，作家们似乎都有一个共同的爱好，那就是养猫。大多数作家都需要一个安静的工作环境，而保持安静——正是猫所擅长的事情。猫的脚底长着弹性十足的脂肪质肉垫，当它走路时，这种特殊器官能发挥很强的缓冲作用，减弱脚掌落地的声音。除此之外，猫还能自由伸缩自己的指甲。在奔跑跳跃时，它会将指甲藏在肉垫里，这也可以帮助它减少行动时发出的噪声。

古今中外的“猫奴”有多少？

宋代诗人陆游不仅在家中养了许多猫，还写下了不少诗词，向别人“炫耀”自己的爱宠，比如“溪柴火软蛮毡（zhān）暖，我与狸奴不出门”说的就是，他和猫一起窝在家里悠闲度日。法国作家大仲马也养了三只猫，其中有只叫麦苏夫一世的，还“冠名”了《麦苏夫和其他动物的故事》这本书。据说，美国作家海明威临死前说的最后一句话就是——“晚安，我的小猫”。

你知道吗？

在中国古代，如果谁家的猫生了小猫，而你正巧想要一只，那你得先准备一件“聘礼”，比如一袋盐巴或者一条鱼，才能去主人家把小猫“聘”回来。

为什么不要随意逗流浪猫？

与家养的猫不同，大多数流浪猫不喜欢亲近人类。即使你请它吃了美味的猫罐头，当它感受到威胁时，依然会毫不犹豫地逃跑或者发起攻击。并且，几乎所有的猫科动物都有可能感染狂犬病病毒，一旦被流浪猫弄伤，你必须立刻前往医院注射疫苗。因此，不要随意去逗路边的流浪猫，更不要去伤害小动物。

珍·古道尔发现了什么？

1960 年，年轻的动物学家珍·古道尔来到非洲的原始森林，开始研究野生黑猩猩。在长达 50 年的野外生活中，她惊奇地发现黑猩猩比人们想象的还要聪明，它们懂得选择合适的工具从蚁巢中钓取蚂蚁，这一发现打破了生物学界长久以来“只有人类才会制造工具”的观点。珍曾说过——“我们不是拥有个性，以及诸如快乐和悲伤的情绪的唯一生物”，她发现黑猩猩之间也存在“爱恨情仇”，它们有时会像人类一样社交，照顾自己的家人；有时又会像人类一样充满欲望，在争夺领地时杀死自己的同类。

黑猩猩是人类的近亲吗？

黑猩猩是最接近人类的动物吗？

如果有谁问哪种动物与人类最像，肯定会有不少人回答：黑猩猩。实际上，黑猩猩属于人科动物，是人类现存的唯一近亲，它们与我们基因组的 DNA（脱氧核糖核酸）序列相似性约为 99%！黑猩猩主要生活在非洲中部和西部的热带森林中，分为黑猩猩和倭（wō）黑猩猩两支，它们不仅能够相互照顾，在地上直立行走，并制造和使用一些简单的工具，还会为家族成员的死亡而伤心。同时，它们的食谱也十分丰富，既吃水果，也吃小鸟、昆虫和节肢动物等。

你知道吗？

一只会手语、喜欢猫的黑猩猩

20 世纪 70 年代，动物研究者佩特森收养了一只黑猩猩宝宝，并为它起名为可可。经过训练后，聪明的可可逐渐掌握了手语，并能够与人类进行简单的沟通。与大多数人所想的不同，可可虽是动物，却和人类一样拥有丰富的情感，也懂得如何向人类表达自己的想法。有一次，它向饲养员表示，自己喜欢小猫，想要一只小猫当朋友。饲养员满足了它的愿望，可可高兴地为自己的新朋友取名为“球球”。在关于它的纪录片中，它还对着摄像机用手语“说”道：“可可爱人类，可可也爱地球。”

“普通”的它们到底有多普通？

普通翠鸟真的“普通”吗？

在古代，工匠为了制作精美的点翠工艺品，经常要用到普通翠鸟的羽毛。不过，普通翠鸟的意思可不是普通的翠鸟——实际上，它不仅是一个独立的物种，还是世界上最有名气的鸟类之一。普通翠鸟有着惊人的美貌，它的羽毛泛金属光泽，会在阳光下闪闪发亮，黑色的嘴巴又细又长，就像织布用的梭子。但是，别看这种小鸟生得娇小玲珑，捉鱼虾的时候可相当凶猛，就像是射入水中的一道闪电。

它们真的不普通……

那么，“普通翠鸟”这个名字从何而来呢？这是因为它分布得非常广泛，人们很容易就能看见它，所以生物学家才用“普通”来形容它。当然，在大自然中，“受委屈”的可不止它一个，还有很多动物与它同病相怜，比如普通夜鹰、普通鵟（kuáng）、普通狨（róng）、普通燕鸥、普通鸬（lú）鹚（cí）、普通猕猴……其实，这些名字里带着的“普通”二字的动物并不普通，它们也拥有独特的外观和习性。

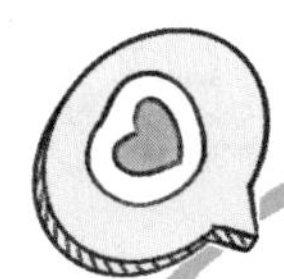

还有更直接明了的名字？

在给有些物种命名时，生物学家似乎表现得有些“漫不经心”，这使得很多动物明明长着霸气的外表，名字却透出一股搞笑且尴尬的气质。比如脑袋稍微有一点大的“大头乌龟”，脸上长着两条黄色眉毛的“黄眉企鹅”，嗓门比老虎还大的“红吼猴”……即使我们从来没见过这种动物，但一听到它的名字，脑袋里就会想象出它的样子。

谁能给新发现的物种命名？

谁第一个发现了新物种，谁就有权利为它命名。新物种的名字有时来自它的外观、体型、习性等，有时来自它生活的地区，有时甚至会来自某个卡通形象，比如“小飞象章鱼”。

1986 年，我国在伊犁发现的一个新物种得到学界认可，发现人将其命名为“伊犁鼠兔”，就是因为它长得既像老鼠又像兔子。

山猪真的吃不了“细糠”吗？

野猪为什么爱拱地?

野猪，又被叫作山猪，它是一种典型的杂食性动物，胃口很大，而且几乎什么东西都吃，比如昆虫、鸟蛋、老鼠、蘑菇、雏鸟等，还有植物的根茎、果实和种子……如果实在找不到新鲜的食物，它也会去啃树皮和青草、吃其他动物的尸体，甚至捕猎毒蛇。为了满足自己的进食欲望，它会化身“翻土机”，乐此不疲地用长长的鼻子和嘴巴，把脚下的泥土拱开，寻找埋在下面的食物。

野猪也喜欢吃“细糠”？

试问有谁不喜欢营养又好吃的食物呢?野猪当然也不例外。为了让饲养的动物长得更强壮、更健康，人们会根据它们的生长需求，依照一定的科学比例，将不同的食物混合在一起来制作饲料，也就是所谓的“细糠”。比起大自然里的天然食物，人工饲料不仅营养价值更高、更容易消化，还可以满足不同动物的饮食偏好。野猪当然也抵抗不了“细糠”的诱惑，很多地方都发生过野猪跑到农户家中偷吃饲料的事情呢。

没被吓死，就已经谢天谢地了……

在野外可没有“细糠”吃，如果一只野猪想吃点好的，那它大概率要进入村庄，和人类打照面。当动物察觉危险、受到刺激时，通常会产生应激反应，这个时候它们会出现心跳加快、呼吸加速、消化功能紊（wěn）乱、精神失常等症状。虽然野猪看上去十分凶猛，但它的胆子很小，一旦被人类抓住，它在应激状态下可能会拒绝进食，甚至被活活吓死。

你知道吗？

从生物学来讲，野猪和家猪已经是两个不同的物种。虽然家猪是由野猪驯化而来的，但野猪可不会因为被人类圈养，就变成粉扑扑的、胖乎乎的家猪。同样，家猪被放生到野外，也只能成为“流落在外”的家猪，而不是野猪。不过，现在也有一些农户会专门饲养野猪，因为它们身体强壮、不爱生病，也不挑食，且身上长的多是瘦肉，经济价值比较高。

想一想

被驯化的动物能够重新获得在野外生存的能力吗？

最古老的植物是什么？

小小的蓝藻是生命的火种

蓝藻（zǎo）是地球上最早出现的生命之一，它诞生于33亿~35亿年前的原始海洋中。通过利用身体里的叶绿素进行光合作用，它不必依靠其他生物，就能自己给自己制造养分。别看它结构简单，看起来十分不起眼，但它是地球上所有光合生物的先驱，今天我们看到的茂密的森林、美丽的花草，还有好吃的瓜果蔬菜，都得益于蓝藻所开启的生命演化之路。时至今日，古代蓝藻的子子孙孙还在为地球默默做着贡献，它们会将空气中的氮（dàn）元素转变成能被生物利用的有机氮化物。

大灰藓（苔藓植物）

陆地植物的奋斗

在大自然中，高等植物包括苔藓、蕨（jué）类和种子植物三种。有科学家认为，4亿多年以前，植物逐渐摆脱了水域环境的束缚，地球上首次出现了陆地植物——苔藓植物。之后，比苔藓植物更高等的蕨类植物出现了，它有了真正的根、茎、叶，并在距今2.7亿年至6500万年之间兴盛一时，成为恐龙的主要食物。虽然恐龙在灾难中早已经灭绝，但蕨类植物至今还在地球上顽强地生长着。

裸子植物与被子植物

目前，地球上大约有 40 万种植物，高等植物约为 25 万种，并且其中 90% 是种子植物。顾名思义，种子植物就是能开花结果、以种子繁衍后代的植物，它又可以分为裸子植物和被子植物：裸子植物比被子植物出现得更早，而银杏是世界上现存的最古老的裸子植物之一，它的祖先诞生于约 3.4 亿年以前；被子植物则是现代植物中构造最完善、适应能力最强、出现最晚、种类最多、分布最广的类群，我们熟悉的苹果树、桃树、梨树、杏树……都是这个大家族的一分子。

木贼（蕨类植物）

银杏（裸子植物）

垂序商陆（被子植物）

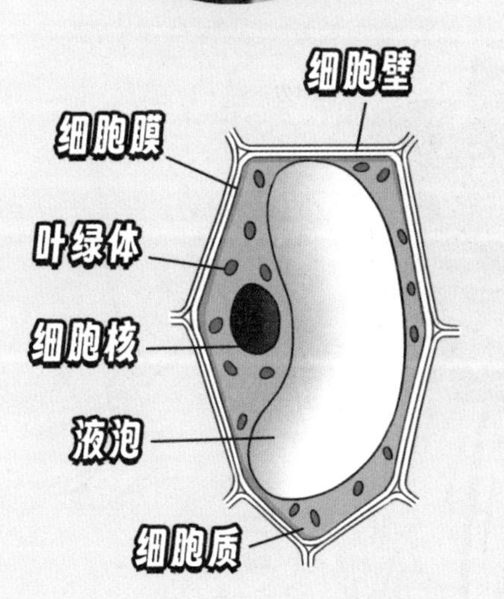

你知道吗？

植物的生长、发育和繁殖，都离不开它体内细胞的生命活动。不管是地球上的哪一种植物，它的细胞都主要由水分、蛋白质、核酸、脂质、糖类和无机盐等物质组成。植物细胞的四个基本结构为细胞壁、细胞膜、细胞质和细胞核，帮助植物进行光合作用的叶绿体就藏在细胞质中。

所有的植物都有根吗？

根

茎与叶

花

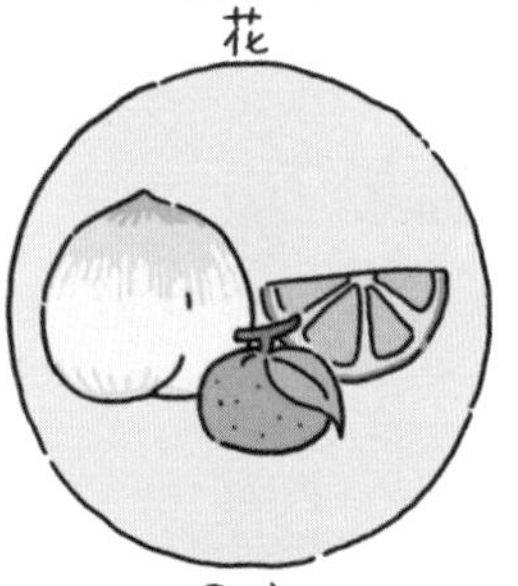

果实

种子

植物也是有器官的

虽然植物不说话、不思考、不运动，但它每时每刻都在为活着而拼尽全力。和人类一样，植物也是由细胞组成的。一定植物细胞组成一定的植物组织，一定的植物组织又组成具有不同功能的植物器官。一种植物所拥有的器官越多，说明它的细胞分化程度越高，适应环境的能力越强。被子植物是当今地球上最繁茂的植物种群，它有根、茎、叶、花、果实和种子这六种器官。

这么大的一朵花竟然没有根？

不是所有植物都像被子植物那样，比如大王花，虽然其花朵直径可达 1.2 米，重达 8 千克，但它没有根来吸收营养和水分，只能通过一种丝状组织寄生在其他植物的根和茎上，依靠吸取寄主的营养来生长和繁殖。因为大王花一生只开一次花，花期又很短暂，所以想要一睹它的“芳容”是件需要运气的事情。

多种多样的根

按照功能来划分，植物的根可以分为贮（zhù）藏根、气生根和寄生根。

贮藏根形态多样，通常生长在地下，它能贮藏丰富的养料，也是我们识别植物的重要依据之一；气生根生长在地表以上的空气中，能起到吸收气体或支撑植物体向上生长的作用；寄生根则像密密麻麻的小吸管一样，直接插入寄主的体内。

“萍水相逢”的“萍”是什么？

萍是一种小小的、绿色的水生植物，因为它一辈子都漂浮在水面上，所以人们也把它叫作“浮萍”。虽然萍在扁平的叶片下长有许多像胡须一样的根，不过它们都十分“无力”，不能像莲花的根那样深深地扎入水底的淤泥中，因此水流向哪里，萍就跟着去哪里。古人见到这样的情景，便用“萍水相逢”来比喻素不认识的人偶然相遇。

家庭小实验

需要准备的材料：1 头大蒜、1 个碗、适量清水

1. 将适量的清水倒入碗中，再将大蒜底部朝下放入水中。注意，清水不能完全没过大蒜。
2. 过一段时间，你就会发现大蒜生出密密麻麻的根。

所有的植物都会开花结果吗？

植物为什么要开花？

开花和结果是植物繁殖的重要过程。在植物王国中，开花意味着植物开始孕育种子。花朵的结构和功能都是为了吸引传粉者，如昆虫、鸟类等前来采集花粉，并通过它们将雄蕊的花粉转移到雌蕊的柱头上去，以实现授粉——授粉是形成果实的必要条件。人类也可以成为传粉者哦！为了让果树结出好吃的果子，农民有时需要用小刷子给每朵花“挠痒痒”，这就是人们常说的“人工授粉”啦。

所有的植物都会开花结果吗？

能开花结果的植物有很多种，例如苹果树、桃树、梨树、橘树、大豆、玉米等。然而，在大自然中，也有一些植物不需要通过开花结果就能繁殖后代，比如苔藓植物、蕨类植物等，它们会产生孢（bāo）子，而孢子是一种特殊的细胞，它能够在适宜的环境中生长成为新的个体；种子植物里也有一些“异类”，比如，将虎尾兰的叶子插入湿润疏松的土壤中，它就能形成新植株……

花是植物的繁殖器官

不同的植物会开不同形态的花，但所有的花都基本分成四个部分：花萼（è）、花瓣、雄蕊和雌蕊。最外面的是花萼，它对花的其他部分起保护作用；花瓣一般带有香味，呈现鲜艳的色彩，它是植物吸引传粉者的“撒手锏（jiǎn）”；雄蕊由花药和花丝组成，一朵花通常有很多枚雄蕊；雌蕊位于花的中心，由柱头、花柱和子房组成，成功授粉后子房可以形成果实。

具有萼片、花瓣、雄蕊和雌蕊的花，被称为完全花；缺少其中一部分的花，则被称为不完全花。

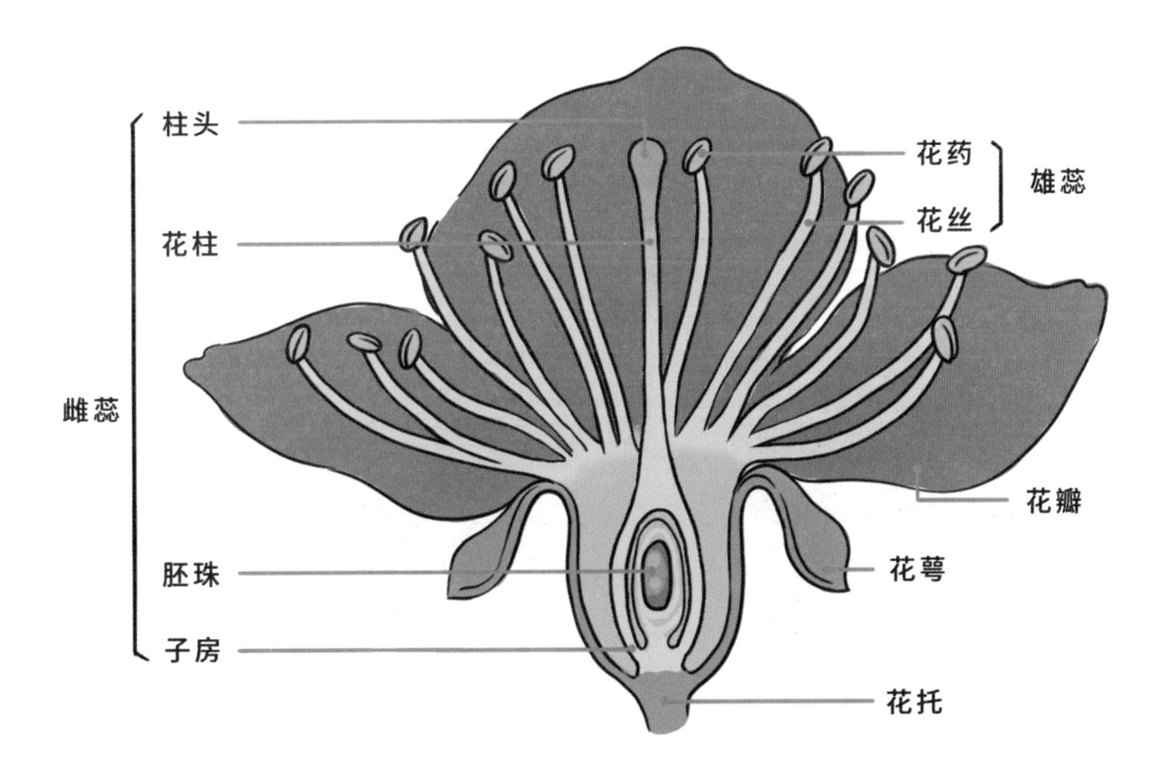

你知道吗？

土豆表面凹进去、可以生芽的部分叫作芽眼。先把一个完整的土豆切成一个个小块，每个小块要有 1~2 个芽眼；再把它们埋在松软肥沃的土壤里，保证按时按量地浇水；过一段时间后，你就会发现土壤里萌发出小小的秧苗；最后，随着秧苗长大，它们会结出一堆新的土豆。

植物是怎样传播种子的？

你见过房顶长草吗？

在一些老房子的房顶常常会长出杂草和小树，这并不是一件稀奇的事情。不过，你知道它们是如何“爬”到这么高的地方的吗？当然是因为当它们还是小小的种子的时候，就被动物或风带到了屋顶上，然后在那里扎根萌发，最后顽强地生存了下来。

种子的结构

种子是种子植物特有的生殖器官，一般包括胚（pēi）、胚乳和种皮三部分。其中，被子植物的种子又可以分成两种：在发育过程中，胚乳被吸收的叫作无胚乳种子，比如黄豆、蚕豆、绿豆的种子；胚乳未被吸收的叫作有胚乳种子，如小麦、水稻、玉米的种子。

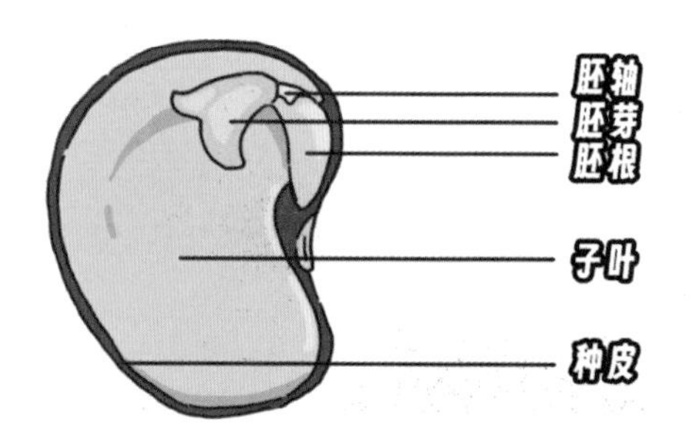

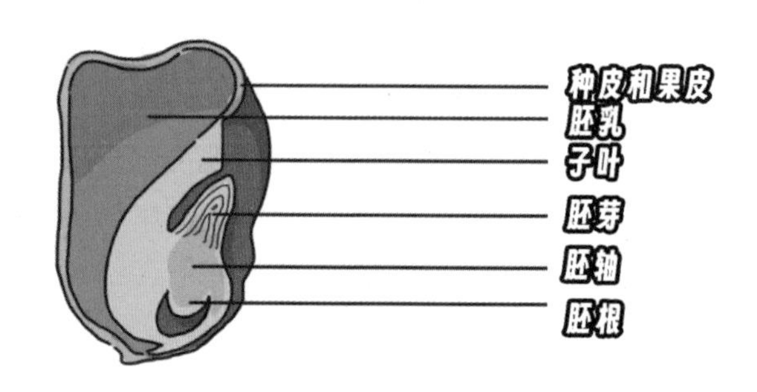

你知道吗？

为什么香蒲的果实一捏就“爆炸”？

香蒲，俗称“蒲草”，当它的果实成熟后，只要用手一捏，就会当场“爆炸”，一下子喷出许许多多的绒毛随风飘走。实际上，这些绒毛都是香蒲的种子。为了避免后代抢夺自己生长的空间和养分，香蒲需要将种子传播到很远的地方去。因此，当秋天来临时，香蒲的种子会变得干燥且蓬松，为即将开始的旅途做好准备。

植物有哪些传播种子的方式？

许多水生植物的种子可以长时间浸泡在水中，当水位下降时，它们会落入水底的淤泥，在此萌发生长。有些植物的种子在成熟后会自然脱落。比如，到了秋天黄豆的豆荚会突然炸裂开来，将里面的豆子弹射到别的地方。有些植物的果实表面有黏液或长有带倒钩的毛刺，当动物来觅食时它们会趁机“搭顺风车”，让种子跟着动物去新的地方。有些植物的种子，比如蒲公英和蓟（jì）花的种子，当风吹过时，长着“小翅膀”的它们会随风飘向远方。

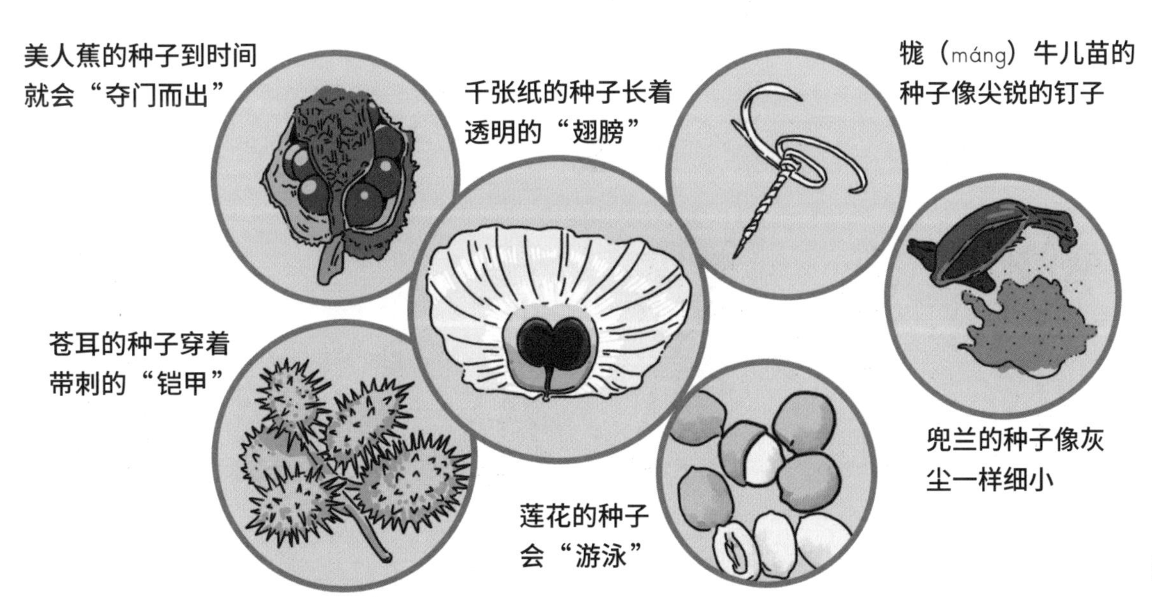

为什么植物没有嘴巴也能“吃饭”？

什么是光合作用？

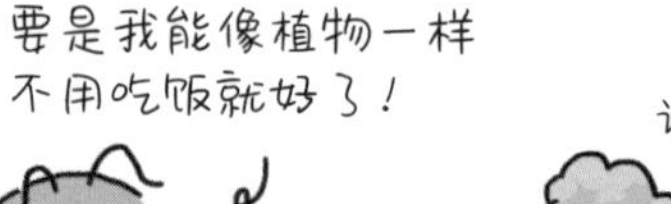

即使是最低等的动物也长着一张嘴，因为动物要吃东西才能活下来。不过，没有嘴的植物是怎样获得养分的呢？这是因为它们中的绝大多数都可以进行光合作用，利用阳光、水和二氧化碳自给自足。在这个过程中，绿色植物会吸收光能，将二氧化碳和水转化为养分，并释放氧气。光合作用离不了叶绿素的参与，叶绿素是储存在植物叶绿体内的特殊色素。高等植物含有的叶绿素可分为两种：叶绿色 a，为蓝绿色；叶绿色 b，为黄绿色。

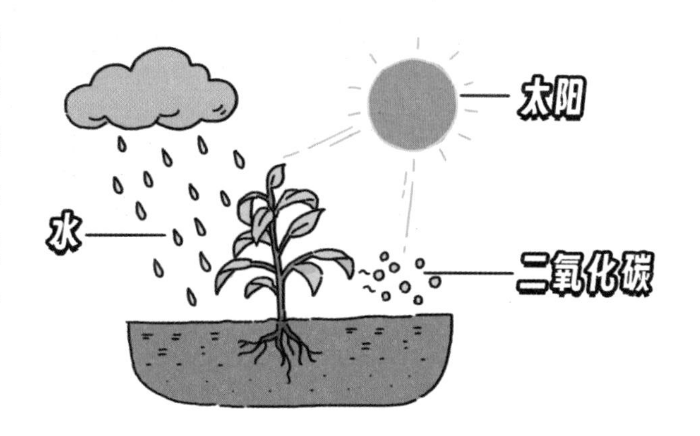

家庭小实验

需要准备的材料：2 个塑料袋、2 根树枝、2 根橡皮筋、2 个空瓶、适量清水

1. 先将清水倒入空瓶中，再将树枝分别插进瓶口。注意，其中一根树枝需要剪掉所有叶子。

2. 把塑料袋罩住树枝和瓶口后，再用橡皮筋将塑料袋紧紧地扎在瓶口上。

3. 最后，把我们的实验样本都放在太阳底下晒一晒吧！过了一会儿，你就会发现有叶子的树枝竟然会“吐白气”。

植物还喜欢“吃”什么？

植物生长所需要的所有养分都是由叶片制造的吗？并不是。除了光合作用，许多植物还需要从土壤中汲取各种元素才能生长发育。比如，对它们来说，氮（dàn）、磷、钾、钙、镁、硫等属于宏量营养素，可以促进植物器官的发育；硼（péng）、铁、铜、锌、锰等属于微量营养素，有助于植物的新陈代谢。

植物为什么要“喝水”？

植物喜欢“喝水”，其中有些甚至会为了获得更多的水分，而将根扎到地下数十米深。一般植物在生长期间所吸收的水量，相当于它自己体重的 300~800 倍。那么，植物将好不容易汲取来的水分都用在了哪里呢？首先，水是植物细胞不可替代的组成部分，植物细胞需要吸收大量的水分来增加自己的体积和提高质量；其次，植物想要进行蒸腾作用和光合作用，水一定是少不了的，如果水分不够，蒸腾作用和光合作用的效果就会减弱，从而导致植物逐渐放慢甚至停止生长发育，直至干枯、死亡。

为什么有些植物会“行走”？

野人参真的会“逃跑”吗？

民间流传着很多植物会“逃跑”的传说，比如长在深山中的野人参有时会突然消失不见。在过去，采参人一旦找到野人参，就会用红绳绑住它的茎叶，绳子两头或吊着铜钱，或系在树枝上，以防它趁机“开溜”。但实际上，传说就是传说，野人参没长腿也不会跑。人们之所以产生这样的误会，是因为它几乎只生长在茂密的原始森林中，人们很容易在里面迷路，并且当它受到刺激后，可能会进入休眠状态，这个时候它长在地上的茎叶会枯萎、脱落，人们也就很难发现它的踪迹了。

滚来滚去的“九死还魂草”

世界上有一种神奇的植物叫作卷柏， 每当旱季来临，它就会“拔”出自己的根，将自己蜷（quán）缩成一个球状，然后随风滚动。一旦遇到水分充足的地方，它就会舒展身体，尽快扎根。这种能力为它寻找到最佳生活环境提供了机遇，却也潜藏着巨大的风险。如果它一直没能找到合适的生存环境，就会逐渐枯萎，直至死去。

你知道吗?

虽然植物不能想走就走，但为了给后代找到更合适的“居所”，它们进化出了许多传播种子的“神技”，让种子能“走”得远一点。在非洲，有一种叫“响盒子”的大树，它的果实长得很像南瓜，成熟后就会自动“爆炸”。据说，它的种子的最高移动时速可达 241 千米，最远弹射距离可达 60 米。要是站在近处被它的种子击中，就像被人尽全力打了一拳那么疼。

有没有跑得更快、更远的植物呢?

在我们看来，当植物扎根在土地里时，除非人为挪动，否则它至死都不会挪动一步——但风滚草肯定不同意这种说法。风滚草，又叫刺沙蓬、“草原流浪汉”，当秋天来临时，它就会抛弃自己的根，缩成一团后，放荡不羁地随风漂泊，并在路过的地方留下自己的种子，而这些种子又会很快长大，并在第二年秋天追随“父辈”的足迹而去。据说，风滚草一天就能移动十几千米。

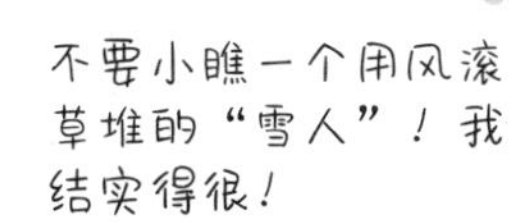

为什么有些植物能“见血封喉”？

古人的毒箭上涂抹了什么毒药？

在古代，人们有时会在箭头上涂抹毒药，而这些毒药多半来自两种植物：乌头和毒箭木。乌头跟生活在海里的乌贼可没有任何关系，它是一种美丽且危险的植物，它的根部含有大量的剧毒物质——乌头碱（jiǎn），会损伤人体的消化道、心脏和神经系统。箭毒木，又称“见血封喉”，它被认为是世界上最毒的树木，它分泌的乳白色汁液毒性猛烈，一旦进入人体，很快就会致人死亡。据说，有些地方还流传有俗语“七上八下九不活”，意思是被沾有箭毒木汁液的箭射中后，大多数野兽最多上坡跑七步、下坡跑八步，就会死掉。

为什么有些植物会含有毒素？

植物也有自己的生存智慧。植物在生长过程中，经常会被很多动物当成美味的“盘中餐”，为了保护自己、避免被动物啃食，它们演化出了许多“防身武器”，比如分泌毒素、散发难闻的气味等。不过，这些“防身武器”大多有使用限制，比如龙葵未成熟时是有毒的，但成熟后就无毒了。

生活中还有哪些常见的有毒植物？

我们身边常见的很多植物，如夹竹桃、滴水观音、绿萝、郁金香、曼陀罗等，都或多或少具有毒性，人类和家畜一旦误食就会中毒，甚至一命呜呼。夹竹桃的汁液和花粉都含有剧毒，但它因为花期长、观赏价值高，而成为中国各地常见的栽培观赏植物，常常出现在公园、景区，甚至道路两旁的绿化带里。

谁背负了“巫婆果实”的恶名？

很久以前，颠茄在欧洲是臭名昭著的“巫婆果实”和“恶魔之草”，因为它全株有毒，根部和根茎处的毒性最强，食用后会出现口干舌燥、视力模糊、皮肤潮红、神志不清等症状，严重者会出现幻觉，说胡话，甚至死亡。不过，聪明的人类也学会了“对症下药”，将它当成麻醉药，以减轻病人的痛苦。

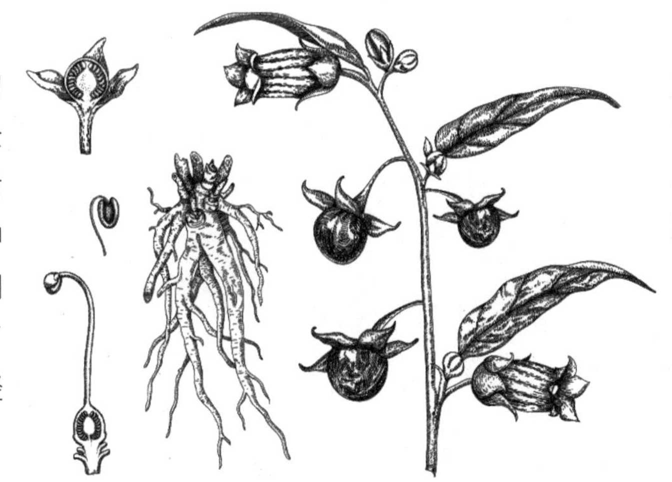

你知道吗？

位于英国的安尼克花园，是一个闻名世界的“毒药花园”，来这里参观的游客都被禁止嗅闻、触摸和品尝里面任何植物。据说，有一年夏天，7 名游客走进花园后不久，就因为呼吸到植物的有毒气味，被送进了医院。

植物真能“长生不老”吗？

真的有“南山不老松”吗？

祝寿时，人们经常会说：“福如东海长流水，寿比南山不老松。”但“南山”上真的有不老不死的松柏吗？当然没有！事实上，地球上的所有植物最终都会死亡，只不过有些寿命短，有些像松柏一样活得长。比如，龙血树就生长得十分缓慢，每年只增长几厘米，但是它们可以持续生长几千年甚至上万年。据说，在西班牙某地，有人曾经估算过一棵龙血树的年龄，大约是八千岁，甚至可能达到一万岁。

中国的古树都长在哪里？

一般来说，树龄在百年以上的大树都可以被称为古树。在我国，已经活了五千年的古树共有五棵，它们全是柏树，都位于陕西省，包括黄陵县的黄帝手植柏、保生柏、老君柏，以及白水县的仓颉（jié）手植柏和洛南县的洛南古柏。其中，黄帝手植柏是世界上最古老的柏树，相传为上古时期黄帝轩辕氏亲手所植。

银杏树长寿的秘密是什么？

银杏树被誉为植物界的活化石，它曾亲身经历了残酷的第四纪冰川期，并幸运地存活了下来。这种树属于裸子植物，具有强大的生命力和抗火灾、抗核辐射、抗病虫害的能力，可以存活数百年甚至上千年。那么，为什么它有如此强大的适应环境的能力？简单来说，一是它的衰老速度很慢，树体可以始终保持坚韧挺拔；二是它拥有大量的抗逆基因，这有助于它在遭遇干旱、低温、洪涝、病虫害等不利条件时生存下来。

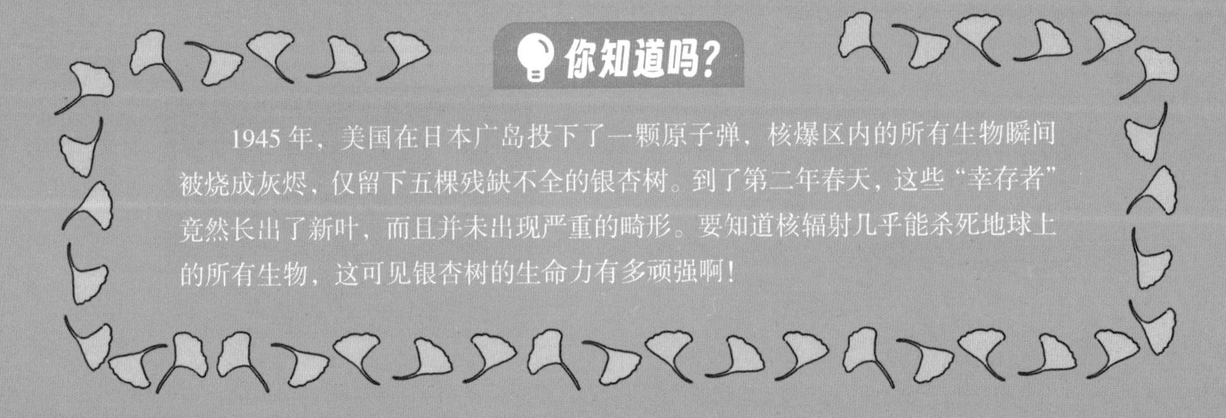

你知道吗？

1945 年，美国在日本广岛投下了一颗原子弹，核爆区内的所有生物瞬间被烧成灰烬，仅留下五棵残缺不全的银杏树。到了第二年春天，这些“幸存者”竟然长出了新叶，而且并未出现严重的畸形。要知道核辐射几乎能杀死地球上的所有生物，这可见银杏树的生命力有多顽强啊！

为什么每种植物都有自己的“生命节拍”？

植物总是很守时

寒来暑往，花开花落，植物总是能在特定的时候，做出恰当的改变。春天来了，小草发芽；秋天到了，树叶变黄。虽然植物不言不语，也没有大脑，但它们的身体里似乎有一种无形的“时钟”，可以提醒它们时间正在流逝。比如，含羞草在白天会打开自己的羽状复叶，到了晚上则合拢，即使在持续黑暗条件下，它也依然遵循这一规律。

“生物钟”是如何形成的？

“生物钟”指生物的生理、行为及形态结构等随时间呈现出周期变化的现象。人类、动物和植物都有生物钟。因为生物钟的存在，自然条件下的植物会在固定的季节开花和落叶，在特定的时间进行光合作用和呼吸作用。研究表明，生物体内存在多种多样的“时钟基因”，这些基因是生物钟形成的关键。

谁在影响“生命节拍”？

温度和光线的变化，都会对植物的生物钟产生影响。春天来到，冰雪消融，气温升高，植物会吸收大量的营养和水分，快速生长；当秋风吹过，气温下降，它们又逐渐停止生长，或者枯萎死亡。白天的时候，阳光照射在叶子上，绿色植物的光合作用被触发；夜晚的时候，光合作用停止，绿色植物又开始进行呼吸作用。

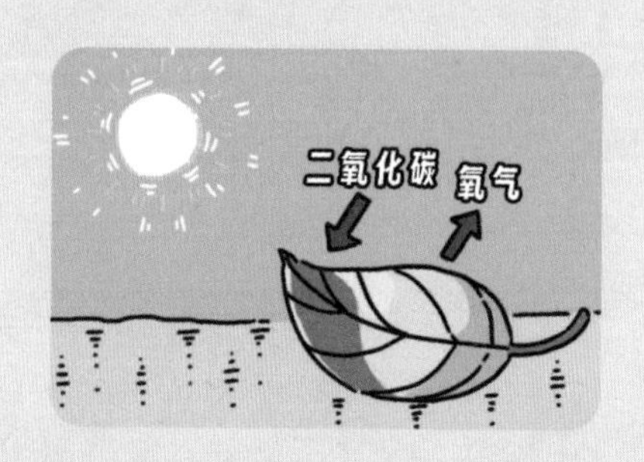

梅花

无意苦争春，一任群芳妒。

杏花

小楼一夜听春雨，深巷明朝卖杏花。

桃花

去年今日此门中，人面桃花相映红。

牡丹

唯有牡丹真国色，花开时节动京城。

石榴花

五月榴花照眼明，枝间时见子初成。

荷花

出淤泥而不染，濯（zhuó）清涟而不妖。

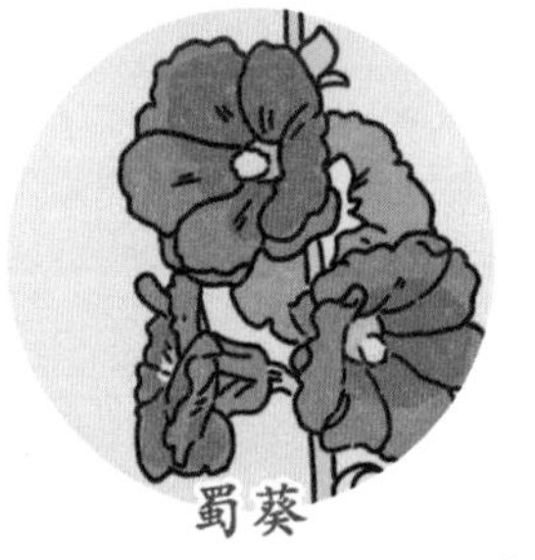

蜀葵

台上牡丹子离离，台下又见开蜀葵。

桂花

何须浅碧轻红色，自是花中第一流。

菊花

宁可枝头抱香死，何曾吹落北风中。

木芙蓉

木末芙蓉花，山中发红萼。

山茶

岁寒松柏如相问，一点丹红雪里开。

水仙

一一孤根发，丛丛翠叶新。

你知道吗？

虽然植物都遵循基本的生物钟，但不同的植物也有着不同的“小习惯”，比如每种花都有自己的花期。在古代，人们根据百花开放的时节，为每个月份都选择了一位“花神”，其中一种说法是：正月梅花，二月杏花，三月桃花，四月牡丹，五月石榴花，六月荷花，七月蜀葵，八月桂花，九月菊花，十月木芙蓉，十一月山茶，十二月水仙。

植物是怎样过冬的？

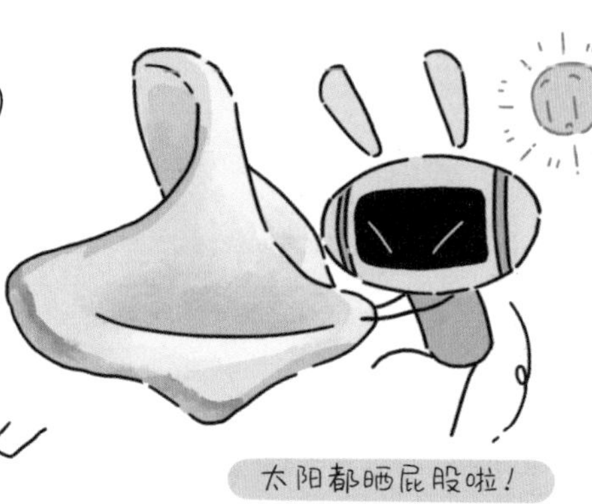

别看现在叶子只剩下这么短，明年春天种下去，将还你一片绿油油的“韭菜森林”！

韭菜也要“冬眠”？

虽然韭菜看起来并不“长寿”，但实际上它是一种能活很多年的植物。为了度过寒冷的冬天，它会选择让长在地上的那部分枯萎，使多余的营养能够回流到根部，只维持自己最基本、最微弱的生命活动。等到天气暖和时，它又会从“冬眠”中苏醒，在下一个春天重新长大、长高。

这些植物在冬天也要“美美的”？

常绿植物指的是全年都保持绿叶片的植物，包括松树、柏树、苏铁、棕榈（lǘ）、香樟、女贞、茶树等。为了保护自己不被冻死，它们在冬天采取了多种策略，比如，松树和柏树会在树皮以及树叶表面分泌出一层蜡质，就像给自己穿上一件外套似的，既可以保暖，又能减少自身水分的蒸发。

让落叶归根吧！

当然，也有很多植物会在冬季落叶，以减少水分蒸发、保存自身能量，提高自己在寒冷条件下的生存能力。我国北方生长着大片大片的落叶阔叶林，里面的桦树、杨树、榆树、槭（qī）树、乌桕（jiù）等，都是这样过冬的。另外，因为没有叶子，它们在冬天不会再进行光合作用。

为什么秋天叶子会变色？

在夏天，为了吸收更多的能量，绿色植物的叶片内充满了绿色的叶绿素。可是到了秋天，情况就变了，由于光照减少、气温和湿度降低，光合作用减弱，有些植物会减少体内叶绿素的数量，有些则会干脆把叶绿素分解掉，等到来年暖和的时候再重新生产。于是，植物的叶子就变成别的颜色，比如黄色、红色、紫色等。

你知道吗？

土壤中的养分主要来自一种叫腐殖质的物质。在微生物的帮助下，动物的尸体以及植物的落叶、枯枝和根系会被分解、转化，再重新合成，变成土壤的一部分，这个过程就是腐殖质化。腐殖质可以改良土壤，帮助植物更好地生长。

为什么有的花香，有的花臭？

植物为什么要散发气味？

植物散发气味，主要有两方面的原因：首先，它们需要依靠不同的气味来吸引特定的昆虫授粉，比如蜜蜂喜欢甜甜的味道，甲虫喜欢潮乎乎的霉味，苍蝇则喜欢臭味，等等；其次，有些植物会散发刺激性气味，以此赶走那些想要啃食它的动物。另外，大自然中还存在少许的肉食植物，它们会以气味作饵，来诱捕猎物，比如猪笼草。

所有的花都有怡人的香气吗？

花的气味来自其萼片、花瓣等部位的专门腺体，其化学成分十分复杂，通常包含多种气味分子。在大自然中，有些花香气宜人，常被人做成鲜切花，用来装饰室内，比如百合、玫瑰、茉莉、栀子等；有些花的气味则奇奇怪怪，甚至称得上是恶臭，比如马樱丹。马樱丹，又名五色梅，它闻起来就像是臭了的鸡蛋，令人难以忍受。不过，有趣的是，它竟然是优质的蜜源植物，其花可以为蜜蜂提供大量的花蜜和花粉，用来酿造甜滋滋的蜂蜜！

你知道吗？

地球上生长着一种名叫长距彗星兰的植物，虽然它和其他兰花一样会散发出浓烈的气味，但找上门的昆虫少得可怜。这是为什么呢？长距彗星兰用来分泌和储存花蜜的花距一般长30多厘米，有时甚至可以长约半米，普通昆虫根本难以采集到其底部的花蜜，久而久之就不再光顾它们。不过，这可难不倒长喙天蛾，它的长喙专为长距彗星兰而生，也因此成为它的专属传粉者。

既香喷喷，又臭烘烘？

吲（yǐn）哚（duǒ）是一种神奇的物质。茉莉花、栀子花、水仙花等花的香气之所以美妙，就是因为其含有微量的吲哚。人们现在还会提取它来制作香水和食用香精。然而，吲哚也被叫作“粪臭素”，它大量存在于人的粪便、汗液和尿液中，是排泄物散发出浓烈臭味的“罪魁祸首”之一，并且，吲哚浓度越高，纯度越高，闻起来越臭。

植物也喜欢“吃肉”吗？

有些植物不仅“吃土”还“吃肉”？

在人们的传统观念中，植物都是“吃土”的。然而，你可能不知道的是，有些植物并非完全依赖这些传统的营养来源，而是通过食肉来获取营养，这些植物就是食肉植物。全世界已知的食肉植物有600种以上，在它们的食谱上，既有小昆虫，也有像老鼠这样较大的哺乳动物。当猎物被捕后，肉食植物就会分泌恐怖的消化液，将动物们慢慢溶解掉。

植物为什么要“吃肉”？

最初，食肉植物祖先也是“素食主义者”。食肉植物一般生长在养分贫瘠的环境中，如沼泽地、泥炭地上、河流边缘等。这些地方的土壤里营养物质匮乏，为了生存，它们逐渐演化出特殊的器官，用来捕捉昆虫和其他小型动物，以补充它们所需的营养。

食肉植物是怎么捕食的？

食肉植物生长在土壤中，不能像动物那样自由活动，却能捕捉到动物，是因为它们各有各的绝招。比如，猪笼草的笼状叶片就是一个精巧的陷阱，昆虫一旦误入其中，就会“脚下一滑”，掉进笼底的消化液中；捕蝇草的每一裂片上都长有 3 条感觉力强的刚毛，昆虫触动此毛，就会被迅速闭合的裂片“抓”住，接着被捕蝇草所消化和吸收；而捕虫堇的叶片上具有黏液和细小的毛状突起，能够将虫子牢牢“抓”在自己的叶片中，然后释放出消化酶，让自己美餐一顿。

猪笼草　　捕蝇草　　捕虫堇

你知道吗？

食肉植物也有解决不了的烦恼……

像许多植物一样，食肉植物的繁殖器官也是花，种子是其下一代。于是，一个很尴尬的冲突产生了：一方面，食肉植物需要吃掉昆虫补充营养；另一方面，它们又需要通过昆虫授粉繁殖。于是，它因为“贪吃”，消灭了许多送上门来的传粉者，使自己陷入难以“开枝散叶”的窘境。

真有会故意杀人的植物吗？

你听过这些可怕的谣言吗？

你也许看过这样的文章：在某个岛上生长着会“吃人”的树，一旦有人接近它，它就会用自己的枝叶将人迅速抓住，几天的时间，人会被它分泌的神秘液体化作枯骨，血肉则变成树的养分。虽然这听起来很恐怖，但至今为止，根本没有人能够拿出关于“植物吃人”的有力证据，“植物会主动捕食人类”这一说法更是以讹传讹，半点儿真实性都没有。

为什么会有人相信“植物吃人”呢？

对“植物吃人”这类传闻，科学家曾在相关地区进行过广泛的探索和调查，然而却一无所获。事实上，绝大多数植物学家认为，世界上应该不存在所谓的“杀人植物”。那么，为什么会有人相信这类传闻呢？这可能源于人们对食肉植物、绞杀植物的想象。食肉植物会捕捉昆虫，绞杀植物会杀死大树，人们看到类似的现象，不禁联想到自身，于是编造出了“植物吃人”的故事。

植物也能置人于死地？

虽然植物并不会主动捕食人类，但它们仍有能力在偶然间杀死我们。比如，有些植物带有剧毒，人一旦食用就会毒发身亡；有些植物的枝叶和果实非常沉重、坚硬，从高处掉落时很容易将人砸晕甚至砸死……不过，你不必担心食肉植物长得大到可以把人“吞”到肚子里，因为它们进行光合作用的速度很慢，虽然能通过食用昆虫的方式“改善伙食”，但也绝不可能长得特别大。

你知道吗？

在大自然中，有些植物像动物一样“胎生”。有一种生长在海岸泥滩上的红树，它的种子成熟后并不脱落，而是在母树上继续发育，直至长出长棒状的胚根，萌芽成小苗，才会随风离家、落地扎根。红树既具有净化水质、保护堤坝的作用，也是优质木材。

藤蔓原来这么“凶猛”！

什么是藤本植物？

在生活中，我们常见的很多植物都是藤本植物，比如葡萄、紫藤、凌霄、茑（niǎo）萝、五味子、牵牛花、芸豆、爬山虎等。留心观察它们，你就会发现藤本植物的一些特点：它们的茎又细又长、不能直立，上面长有卷须、吸盘等吸附器官，可以通过缠绕或攀缘其他物体向上生长，有时甚至会包围整栋建筑物。如果没有他物可攀附，它们也会“另谋出路”，比如匍（pú）匐（fú）在地面上。

藤本植物有哪些？

根据茎的质地，藤本植物可分为草质藤本植物和木质藤本植物。前者的茎比较柔软纤细，比如牵牛花、黄瓜等；后者的茎则是坚硬粗壮的，比如葡萄、紫藤等。要是按照生长习性分类的话，藤本植物其实还可以分得更细，包括缠绕类、卷曲类、吸附类、棘刺类、披散类、垂悬类等。

葡萄

牵牛花

爬山虎

铁线莲

吊金钱

葎草

绞杀植物有多可怕?

在庞大的植物家族中，有一些生活在热带森林中的成员是出了名的“树木杀手”，我们称其为绞杀植物。当它还是种子的时候，随鸟的粪便落入其他树木的枝丫或树皮裂隙上；发芽后先以卷须悄悄地附生在树木上，之后慢慢地生出粗壮而紧密的网状根，一边向下扎入泥土，一边将寄主树木全身上下紧紧地包裹住；随着时间推移，寄主树木因得不到足够的营养和光照而悲惨地死去，绞杀植物却鸠占鹊巢，越长越旺盛，成为独立的植物。

大自然中的“以柔克刚”

当然，除了残忍的绞杀植物，有些藤本植物也会在“无意”中将树木杀死。这些藤本植物往往具有强大的生命力，一旦找到可以依靠的树木，就会迅速生长。一开始，柔弱的它们并不会对树木构成威胁。然而，当它们长得足够茂密时，树木就可能被活活勒死，或者因得不到足够的光照而无法进行光合作用。因此，护林员经常拿着工具，为树木清理身上的各种藤蔓，来保证树木能正常生长。

种子是如何发芽的？

不是所有种子都能发芽？

不管是哪种种子植物，它们都是由种子发育而来的。对于种子来说，发芽堪称“人生大事”，因为只有萌发出嫩芽，它才能步入自己生命历程中的下一个阶段。种子发芽的过程离不开适宜的温度、一定的水分和充足的空气。但即使具备了这些条件，如果种子被虫子咬坏了胚、失去了太多水分、挨了冻，又或者发了霉，它们也是难以发芽的。

种子萌芽的过程

当一粒种子萌发时，它首先要吸收大量的水分，让自己膨胀起来；然后，储存在子叶或胚乳中的营养物质会被运往胚根、胚芽和胚轴，帮助它们发育、长大；待到时机成熟，胚根会奋力破开种皮，形成种子植物的根，而胚芽也会逐渐变粗、长高，最后形成种子植物的茎和叶。

玉米种子萌发的过程

被“叫醒”的睡莲种子

2017 年，考古工作者在圆明园的一处池塘中发现了 11 颗古莲子。经科学检测，人们惊讶地发现原来这些古莲子已是“百岁老人”。然而，在 2018 至 2019 年期间，经过科学家的精心培育，它们中的一些竟然顺利发芽、生根，并在之后长叶、开花，孕育出新的莲子。

植物也要“休眠”？

不是所有健康的种子埋进地里就能马上发芽。实际上，种子在成熟以后都会进入一个休眠期，有的需要几周，有的需要两三年，甚至更长的时间。即使有合适的自然条件，正在休眠的种子也很难萌芽。这是因为种子一般在秋天成熟，如果它在此时萌发，随着寒冷的冬天到来，它很可能无法存活。相反，如果它安心地躲在泥土中睡一觉，春天来临时，它就能享受到温暖的气候，还有贵如油的春雨了。

家庭小实验

需要准备的材料：喷壶、适量清水、1 粒蚕豆、几张纸巾、1 个透明玻璃罐

1. 将蚕豆放进清水中浸泡一整夜。

2. 用喷壶喷湿纸巾，再将其卷成筒塞入玻璃罐中，让浸泡好的蚕豆可以夹在纸巾与玻璃罐之间。然后，把玻璃罐放在比较温暖的地方。

3. 耐心地等待几天后，你会发现蚕豆长出了根。

4. 再过几天，豆子又长出了嫩芽。

注意，在这个过程中，纸巾需要一直保持湿润哦。

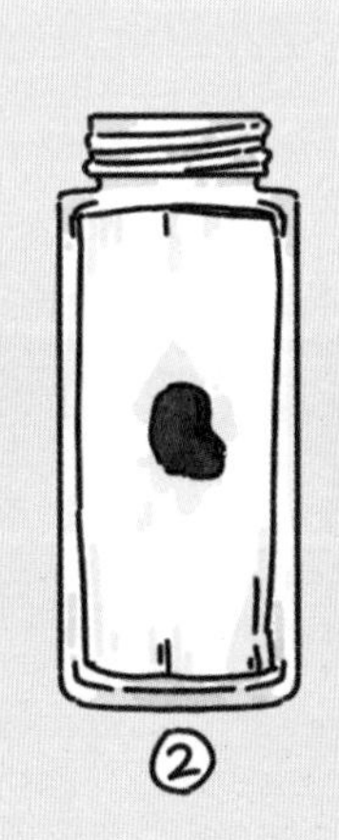

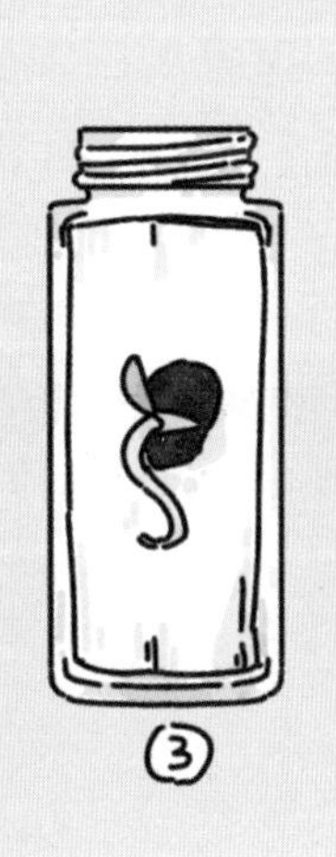

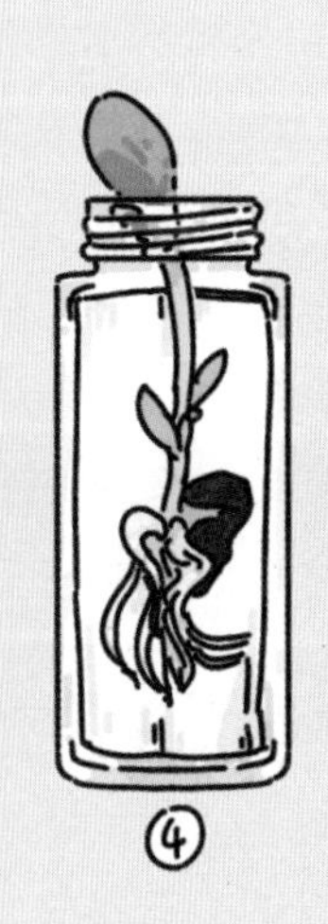

你了解地球上的植被吗？

什么是植被？

植被，就是像被子一样覆盖地面的植物，它可以分为两种：自然植被和人工植被。自然植被，就是大自然里本来就有的植被，比如原始森林、天然草甸等；人工植被，就是人类自己制造的植被，比如农田、人工林、人工牧场等。在众多不同类型的植被中，只有森林被誉为“地球之肺”，这里生长着大片的树木，不仅为许多生物提供了舒适的居住环境，也给人类和动物提供了赖以生存的洁净空气。

亚马孙雨林

亚马孙河位于南美洲北部，它是世界第二长河，也是流域面积最广、水量最大的河流。在它的沿岸生长着一片茂密广阔的原始森林，叫作亚马孙雨林，这里因地处赤道附近，终年炎热多雨，没有明显的四季变化。亚马孙雨林是世界上现存面积最大的热带雨林，面积超过 300 万平方千米，小到不起眼儿的苔藓，大到足有几层楼高的乔木，地球上有半数以上的物种都自由自在地生活于此，光是昆虫就有数百万种！

我国主要分布着哪些植被？

我国主要的植被类型有以下几种：

①草原主要分布在我国的内陆地区，比如内蒙古、新疆、青海、西藏等地，生长在这里的植物大多都很耐旱；

②荒漠主要分布在我国的北方地区，这里的生态条件极为严酷，土壤贫瘠，降水稀少，植物种类十分贫乏；

③热带雨林主要分布在我国的南方地区，比如云南、海南、台湾等地，这里终年常绿，大部分植株都长得很高大；

④落叶阔叶林是由冬季落叶的阔叶乔木组成的森林群落，主要分布在我国四季分明的华北及东北地区；

⑤常绿阔叶林分布在气候比较炎热、湿润的地区，主要由常绿阔叶乔木组成；

⑥针叶林分布在夏季温凉、冬季严寒的地区，这里的植物以松、杉等针叶乔木为主。

你知道吗？

极地地区气候寒冷，环境恶劣，还会发生极昼和极夜现象，所以地球上的大多数植物都无法在这里正常生长。然而，即便如此，南极圈和北极圈内仍分布着一种特殊的植被，叫作苔原。苔原，也被称为“冻原”，主要由苔藓和地衣组成，这些小小的植物紧贴着地面匍匐生长，不开花，也不结果。

植物也能被人类驯化吗？

驯化植物是个漫长的过程？

很久以前，在日复一日的采集活动中，原始人渐渐萌生出“种植”的意识。最早的时候，他们只是在居住地附近播撒种子，然后期望雨水和土地能将种子滋养成粮食。后来，他们学会筛选种子、制造农具、观察天气，不断地改进种植方式，逐渐培育出能满足人类需要的、各种各样的作物来。虽然这听起来很简单、很轻松，但实际上这个过程既漫长又曲折，要以万年为单位计算时间。同时，在人类的干预下，这些被选择的植物也走上了不同的演化道路。

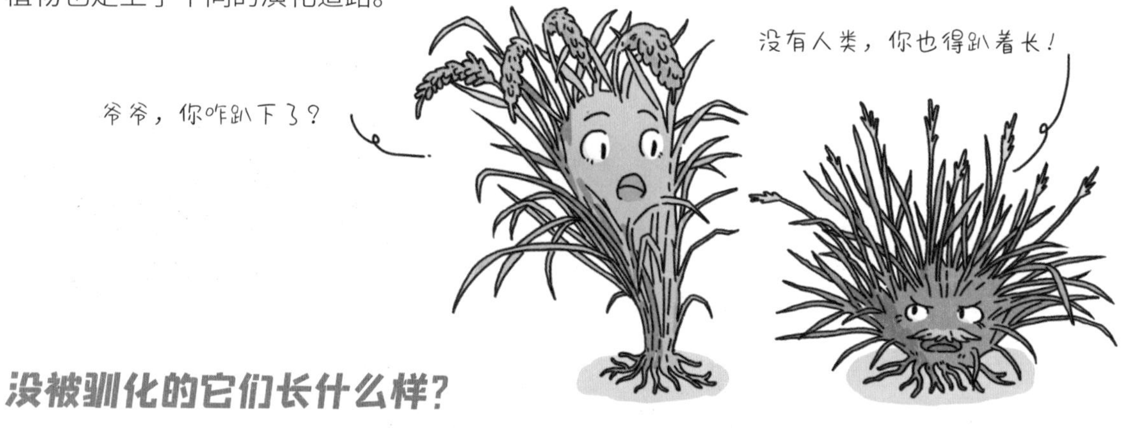

没被驯化的它们长什么样？

我们现在常见的一些农作物，已经长得和它们的“祖先”相差很大了。比如，很久以前，黄瓜还是一种表面长满刺的小圆果，里面几乎全是籽儿，口感和味道都不太好；苹果不但长得小，吃起来也又酸又涩；香蕉一点也不软糯香甜，果肉里的种子很硬，能把人的牙给硌掉；玉米长得瘦瘦小小的，不仔细看的话，还以为它是根短小的棒子。从原始到现代，历经几千年的“磨炼”，水稻也挺直了腰板，从“趴”着变成了“站”着生长。

植物也“驯化”了人类?

最初，小麦只是普通的野草，它的日常就是与其他植物争抢“地盘”和养分，以及祈祷自己不要被食草动物吃掉。公元前 9000 年左右，原始人驯化了小麦，使它从野草变成粮食作物。如今，小麦已经成为全世界种植面积最大的粮食作物。然而，在人类驯化小麦的同时，小麦也改变了人类的生活方式。以前，为了找到更多的野果、野菜和猎物，原始人每过一段时间就会搬家。后来，有了家畜、家禽和农田，他们自然而然地过上了定居生活。

你知道吗?

人类利用植物的途径，可不止驯化这一种，我们的祖先也会物尽其用。比如，青藏高原上生长着一种植物名为狼毒，它全身都含有毒素，人和牛羊一旦误食，就会中毒甚至死亡。然而，其根茎却含有丰富的韧皮纤维，是造纸的好材料。

于是，古人开动脑筋，将它制成了狼毒纸，这种纸张因为有毒而不遭虫蛀、鼠咬，可以保存千年之久。

棉花是怎样变成布的？

棉花是怎样变成布的？

棉花具有优秀的吸湿性、透气性和保暖性，从很久以前就被广泛应用在纺织业中。那么，棉花是怎样变成我们常见的布的呢？棉花变成布，大致分为三个步骤。

第一步：采摘

棉花的采摘通常在棉铃裂开后的7~10天内进行。以前，采棉花可是个体力活儿，工人需要弓着身子摘取棉铃中的棉絮。忙了一天后，他们经常累得直不起腰。现在，有了采棉机，采摘、打包、卸货都不再需要太多人力。采摘下来的棉絮，经过晾晒和去除杂质后，便可以用于纺织。

棉花的

对于人类来说，棉是一种很重要的经济作物。它开花后，花朵会由乳白色慢慢变成深红色，在凋谢后留下绿色的铃铛状果实，也就是棉铃。

第二步：纺纱

纺纱是将乱蓬蓬的棉絮加工成棉线的过程。在古代，这个过程全靠人力完成，通过晾晒、梳理和敲打，棉絮会变得松散、干净、柔顺；之后，妇女会把它们卷成一个个白白胖胖的棉条，再用纺车将其拉伸成又细又长的纱线。现在，我们有了先进的纺纱机器，所有工序都可以借助机器完成。

还是用机器更方便……

第三步：织布

织布是将纱线织成布的过程。古时候，大多数百姓都按照“男耕女织”分工干活，男人种地，女人织布，每家每户从吃到穿几乎都自给自足。汉朝时期，手摇织布机就已经在民间普及。随着科技发展，织布机变得越来越先进，纱线也被织出各种各样的花纹。现在，用机器织出的棉布更加结实美观，而且价格低、品质好。

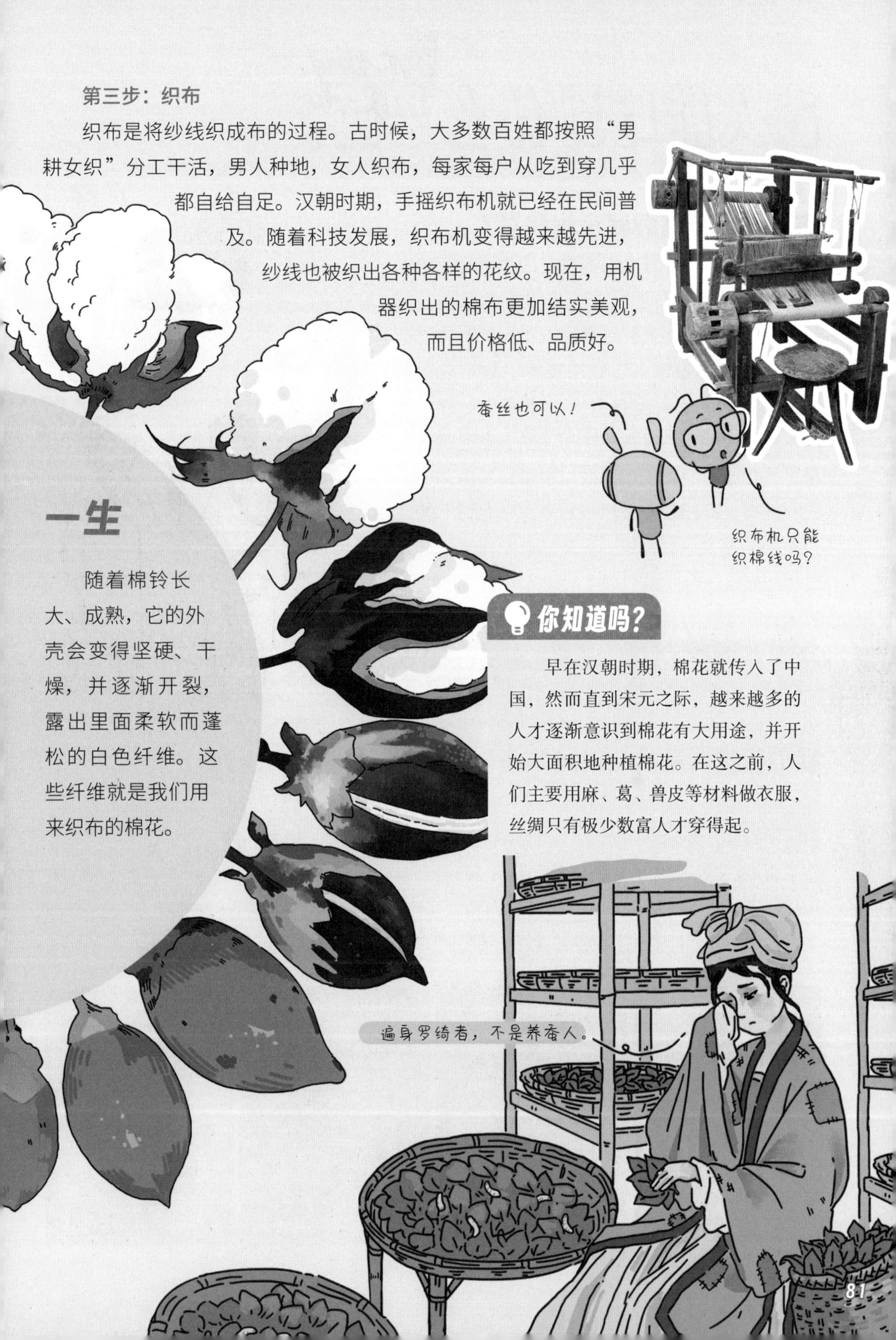

一生

随着棉铃长大、成熟，它的外壳会变得坚硬、干燥，并逐渐开裂，露出里面柔软而蓬松的白色纤维。这些纤维就是我们用来织布的棉花。

你知道吗？

早在汉朝时期，棉花就传入了中国，然而直到宋元之际，越来越多的人才逐渐意识到棉花有大用途，并开始大面积地种植棉花。在这之前，人们主要用麻、葛、兽皮等材料做衣服，丝绸只有极少数富人才穿得起。

古人能吃到什么果蔬？

古人也能吃到土豆和地瓜吗？

明朝以后的人才能吃到哦！

古人从很早以前就开始种菜？

中国是世界上最大、最古老的果蔬种植中心之一。原始社会时期，人们依靠采集获得新鲜的野生果蔬，但他们已经会将吃不完的食物贮存起来，并开始摸索人工栽培技术。最迟在商朝时期，我们的祖先就在尝试种植果树、开辟菜园。到了周朝，不仅各诸侯国设立了自己的官方果蔬种植园，还有不少百姓以种菜、卖菜为生。史料记载，齐桓公还曾颁布法令，只允许一些比较贫困的百姓可以种菜、卖菜，以此保障他们的生计。

我们的伙食变得越来越丰盛？

随着时代更迭，越来越多的果蔬出现在中国人的餐桌上。两汉时期，丝绸之路开通后，原产于西域的很多作物被逐渐引进至中国，比如葡萄、大蒜、蚕豆、苜（mù）蓿（xu）等。到了唐宋时期，朝贡的外国使者又带来了各种各样的果蔬，比如，贞观二十一年（公元 647 年），泥波罗国（今尼泊尔）使团就为唐太宗献上了波棱菜（菠菜）、酢菜、浑提葱等。在清朝末期，朝廷设立了农事试验场，专门用来培育从海外选送回来的作物。

《写生册》［清］恽寿平

有“五谷”，还有“五蔬”？

在古代，人们十分看重“五谷”和“五蔬”。那么，你知道什么是“五谷”和“五蔬”吗？关于“五谷”，流传比较广的一种说法是稻、黍、稷（jì）、麦、菽（shū）。“五蔬”一般指的是韭、薤（xiè）、葵、葱、藿，它们是生活在先秦时代的人们能吃到的主要蔬菜。其中一些谷物、蔬菜现在还是我们餐桌上的常客，但也有一些已经不太常见或者干脆消失了。

它们都是舶来品？

无花果

北宋年间，得益于兴盛的贸易活动，这种奇特的水果传入了中国，当时人们因为它口感像馒头，而将其称为“木馒头”。

玉米

玉米属于美洲原产作物。在明朝中晚期，它传入了中国，并在多种粮食作物中逐渐占据一席之地，成为大饥之年的救命食物。

辣椒

辣椒是世界上人类种植最古老的农作物之一。得益于频繁的海上贸易，在明朝万历年间，这种辛辣的蔬菜就从美洲来到了中国。但是，直到清朝乾隆年间，人们才开始广泛地食用它。

番茄

番茄是源自农事试验场的一种蔬菜。它虽然在明朝万历年间就传入了中国，但当时只被当作观赏植物。直到清朝末期，它才成为中国人餐桌上的常客。

番薯

番薯和玉米是同一时期传入中国的。番薯养护简单，却产量极高，明代农学著作《群芳谱》中曾提到：（番薯）一亩种数十石，胜种谷二十倍。

蘑菇到底是不是植物？

“特立独行”的蘑菇

蘑菇是餐桌上的美味。平菇、香菇、金针菇、茶树菇、猴头菇、杏鲍菇、榛蘑、牛肝菌、见手青、竹荪、羊肚菌……你吃过多少种蘑菇呢？其实，木耳、银耳、灵芝、茯苓、冬虫夏草都是蘑菇的亲戚，它们都来自多姿多彩的真菌世界。真菌既不属于动物，也不属于植物，而是生物界中一个独立的类群，其已知成员超过 12 万种，遍布我们身边的每个角落。虽然大多数真菌对人体无害，但它们中只有高等真菌才具有食用价值和药用价值。

蘑菇与植物有什么区别？

虽然这听起来有点不可思议，但与植物相比，蘑菇和动物的关系显然更为亲近。绝大多数植物都属于自养生物，它们可以通过光合作用来自给自足。而蘑菇与动物一样属于异养生物，它们的体内没有叶绿体，自然也无法进行光合作用，只能通过外界来获取生长所需的养分。同时，蘑菇的细胞壁含有几丁质，这种物质是昆虫外骨骼的主要成分，植物体内是没有的。

你知道吗?

颜色鲜艳的蘑菇一定有毒吗?当然不,反之亦然。实际上,毒蘑菇的种类非常多,它们也有着多种多样的外观。其中,有些蘑菇颜色鲜艳或外形怪异,比如鲜红色的毒蝇蕈(xùn)、黄灿灿的黄鳞鹅膏菌、丑陋的蛇头菌等;有些蘑菇则看起来和食用菌没什么区别,比如豹斑毒鹅膏菌、油黄口蘑、毒环柄菇等。因此,吃蘑菇时,一定要选择自己熟悉的品种!

蘑菇是大自然不可或缺的分解者?

在大自然中,每种生物都有自己的作用,蘑菇也不例外。虽然蘑菇不是植物,但它们是植物最亲密的伙伴之一。大多数蘑菇都是腐生生物,它们承担着生态系统中“分解”的重要职责。蘑菇生出的菌丝可以分泌一种叫胞外酶的物质,它可以将动物的尸体和粪便还原为简单的成分,供自己和植物使用。这个过程直接或间接地影响着整个生物系统的物质循环和能量转换。

“末日粮仓”是什么？

真的有“末日粮仓”吗？

答案是肯定的。“末日粮仓”就建在挪威的斯瓦尔巴群岛上。不过，这里的“粮食”并不是为了让人们直接食用而储存的，而是对全球植物种子的“备份”。斯瓦尔巴全球种子库通过干燥和冷冻技术，长期保存着来自不同作物的一百多万份种子样本，样本的数量还在逐年增加。因此，它又被形象地称为“末日粮仓”“世界末日种子库”。

斯瓦尔巴全球种子库

“末日粮仓”在哪里？

斯瓦尔巴全球种子库建在永久冰川冻土层里面，距离北极约 1300 千米，高于海平面约 130 米，可以承受规模 10 级的地震。即便格陵兰岛或者南极洲上的冰完全消融，海平面上升 60 米，也不会危及这里的安全。种子库拥有三个储存库，储存库内的含氧量比较低，温度也常年保持在零下 18 摄氏度。据说，保存在这里的种子可以存活几十年、几百年甚至几千年。

为什么要建造“末日粮仓”？

种子是农业生产的基石，也是人类生存的基础。我们吃的水果、粮食和蔬菜都由种子发育而来。也许在未来的某一天，由于自然灾害、战争等因素，地球上的植物将会面临灭顶之灾。为此，人们在2008年建造了斯瓦尔巴全球种子库，来储存和保护地球上的种子。即使某种植物灭绝了，只要种子库里还有它的种子，我们仍可以重新栽培它。

中国有类似的“末日粮仓”吗？

当然有。在中国，类似的建筑不止一处，其中比较有名的是国家农作物种质资源保存中心。该中心于2002年11月落成并投入使用，总建筑面积为5500平方米，分为种质保存区、前处理加工区和研究试验区三部分，里面长期保存着水稻、小麦、玉米、大豆等多种粮食作物的种子样本。并且，其中的部分种子样本会定期分发给科研单位做研究，还会供国际交换使用。

你知道吗？

什么是“种质资源”？

在植物学中，种质资源亦称“遗传资源”，它包括植物的植株、种子、花粉甚至单个细胞等，可以用于植物的繁殖、保存、研究等。正如你所见，种子只是种质资源的一部分。严格来说，斯瓦尔巴全球种子库保存的也是种质资源。